U0302592

趣味科学丛书

QUWEI MOSHU YU SHUXUE GUSHI

趣味魔术与数学故事

[俄] 别莱利曼⊙著

余　杰⊙编译

天津出版传媒集团

天津人民出版社

图书在版编目（CIP）数据

趣味魔术与数学故事 / (俄罗斯) 别莱利曼著 ; 余
杰编译. -- 天津 : 天津人民出版社, 2017.8（2018.8重印）
（趣味科学丛书）
ISBN 978-7-201-12060-7

Ⅰ.①趣… Ⅱ.①别… ②余… Ⅲ.①数学—普及读
物 Ⅳ.①O1-49

中国版本图书馆CIP数据核字(2017)第156241号

趣味魔术与数学故事
QUWEI MOSHU YU SHUXUE GUSHI

出　　版	天津人民出版社
出 版 人	黄　沛
地　　址	天津市和平区西康路35号康岳大厦
邮政编码	300051
邮购电话	（022）23332469
网　　址	http://www.tjrmcbs.com
电子邮箱	tjrmcbs@126.com

责任编辑	李　荣
装帧设计	同人阁文化传媒

制版印刷	三河市华晨印务有限公司
经　　销	新华书店
开　　本	787×1092毫米　1/16
印　　张	13.5
字　　数	197千字
版次印次	2017年8月第1版　2018年8月第2次印刷
定　　价	28.00元

序　言

雅科夫·伊西达洛维奇·别莱利曼

　　雅科夫·伊西达洛维奇·别莱利曼（1882—1942），出生于俄国的格罗德省别洛斯托克市。他出生的第二年父亲就去世了，但在小学当教师的母亲给了他良好的教育。别莱利曼17岁就开始在报刊上发表作品，1909年大学毕业后，便全身心地从事教学与科普作品的创作。

　　1913年，别莱利曼完成了《趣味物理学》的写作，这为他后来完成一系列趣味科学读物奠定了基础。1919—1929年，别莱利曼创办了苏联第一份科普杂志《在大自然的实验室里》，并亲自担任主编。在这里，与他合作的有多位世界著名科学家，如被誉为"现代宇航学奠基人"的齐奥尔科夫斯基、"地质化学创始人"之一的费斯曼，还有知名学者皮奥特洛夫斯基、雷宁等人。

　　1925—1932年，别莱利曼担任时代出版社理事，组织出版了大量趣味科普图书。1935年，他创办和主持了列宁格勒（现为俄罗斯的圣彼得堡）趣味科学之家博物馆，广泛开展各项青少年科学活动。在第二次世界大战反法西斯战争时期，别莱利曼还为苏联军人举办了各种军事科普讲座，这成为他几十年科普生涯的最后奉献。

别莱利曼一生出版的作品有100多部，读者众多，广受欢迎。自从他出版第一本《趣味物理学》以后，这位趣味科学大师的名字和作品就开始广为流传。他的《趣味物理学》《趣味几何学》《趣味代数学》《趣味力学》《趣味天文学》等均堪称世界经典科普名著。他的作品被公认为生动有趣、广受欢迎、适合青少年阅读的科普读物。据统计，1918—1973年间，这些作品仅在苏联就出版了449次，总印数高达1 300万册，还被翻译成数十种语言，在世界各地出版发行。凡是读过别莱利曼趣味科学读物的人，总是为其作品的生动有趣而着迷和倾倒。

别莱利曼创作的科普作品，行文和叙述令读者觉得趣味盎然，但字里行间却立论缜密，那些让孩子们平时在课堂上头疼的问题，到了他的笔下，立刻一改呆板的面目，变得妙趣横生。在他轻松幽默的文笔引导下，读者逐渐领会了深刻的科学奥秘，并激发出丰富的想象力，在实践中把科学知识和生活中所遇到的各种现象结合起来。

别莱利曼娴熟地掌握了文学语言和科学语言，通过他的妙笔，那些难解的问题或原理变得简洁生动而又十分准确，娓娓道来之际，读者会忘了自己是在读书，而更像是在聆听奇异有趣的故事。别莱利曼作为一位卓越的科普作家，总是能通过有趣的叙述，启迪读者在科学的道路上进行严肃的思考和探索。

苏联著名科学家、火箭技术先驱之一格鲁什柯对别莱利曼有着十分中肯的评论，他说，别莱利曼是"数学的歌手、物理学的乐师、天文学的诗人、宇航学的司仪"。

目　录

第一章　世纪奇迹

第二章　数字巨人

第三章　不是不可能

第四章　想一想，看一看

第五章　别出心裁的图画

第六章　剪纸与排列

第七章 有趣的数字

第八章 揭开错觉的面纱

第九章　有趣的实验

第十章　好玩的数学题

第十一章　猜一猜

第一章

世纪奇迹

1. 海报

笔者下面所要讲述的事情，从未对别人说过。这件事发生时笔者只有12岁，还是个学生，我向一个同龄人发过誓，绝不向别人吐露这个秘密。

一直以来我都做到了守口如瓶。大家一定非常好奇我现在公开这件事的原因吧？请诸位耐心读下去，我就由这件事情发生的顺序讲起。

提起这件事，我的脑海中便会不由自主地浮现出一幅巨幅海报的图像。

那天，我正急匆匆往家走，要知道我心爱的《地心游记》还没看完，这可是儒勒·凡尔纳的书。正往前赶的时候，我的眼睛被一幅彩色的海报给吸引住了（图1）——海报上刊载的事情在我当时看来可是非同小可的：

图1

《世纪奇迹》演出组应邀来我们这个地方巡演！

下面就是海报的具体陈述：

世纪奇迹

菲利克斯——创造奇迹的12岁神童

一、过目不忘的能力!

您想见证奇迹吗——不换气可脱口而出听众说过的100个单词,还有更神奇的——依在场人员所要求的顺序将单词背出。

惊人的一幕在于他还能说清单词的排列顺序!

巡展在莫斯科和其他地方都大获好评!!!

二、深谙您所想!

就是闭着眼睛,他也能知道您心里此刻想得到的东西,

比如您口袋内、钱夹里的东西。

表演会在现场人员所选的代表的监督下依次进行。

所有在场的人都可以作证——绝无弄虚作假之事存在。

这可真称得上是世界奇闻!

"真能吹牛!"身后有人不屑一顾地说。

我回头一看,发现和我同班的一个同学也在瞧那张海报(图2)。他

图2

是个虎背熊腰的留级生，他管我们这些刚升上来的人叫"小家伙"，我们在背后也把他称之为"傻大个儿"。

"蒙人，简直是在瞎扯！"傻大个儿继续嘟囔道，"那不就是掏钱让别人糊弄自己吗？"

"不是天底下的人都能被他忽悠的，"我回敬道，"有脑子的人是不会上当的。"

"你会受骗的。"傻大个儿异常坚定地说，他好像无意搞明白我所说的有脑子的人是指哪些人。

他藐视的口气激怒了我，于是我决定看表演去，而且告诫自己时刻保持警觉，丝毫马虎不得。就算别人被忽悠了，我也绝不能被愚弄。要知道，有智慧的人是不会轻易被欺骗的！

2. 过目不忘

我基本上不去城里的剧院（图3），我的钱不足以让我买到好座位的票，因此我就只能将就坐在远离舞台的位置。尽管我的视力很好，舞台上的一切尽收眼底，可是我却未能清晰地分辨出《世纪奇迹》海报中所言的男童的面孔。我恍惚觉得，他的面孔似曾相识——尽管我心里有个声音一直在提醒我，我与他未曾谋面。

图3

一位不再年轻的男人和菲利克斯一起闪亮登场，并在和现场的观众互致问候后，就在预备《记忆法》的表演了。他们的准备工作一丝不苟。

只见中年男子用东西遮住了少年的眼睛，而后让他面朝幕布坐于舞台中央（图4）。

图4

接着中年男子邀请几名观众上台监督整个表演过程，好为他们做见证人。

安排好了一切，中年人离开了舞台，他在靠后一些的座位间走个不停。他手执便笺，请后面的观众在便笺上标明心底所需的物品——不管是什么。

"大家可要记清自己所写单词的顺序号，创造奇迹的少年下面会说出这些单词的顺序号。"中年男人嘱咐道。

"少年，能否请您写一些单词？"中年人站在我面前问道。

面对突然而至的要求我心潮澎湃，但是我的脑子似乎不听使唤了，竟然不知写什么好了。

旁边的一个女孩却百般催促："快写呀，不要磨磨叽叽！没想好写什么？那你就写铅笔刀，雨，火……"

我很窘迫地在标有顺序号68、69、70的纸上写下了上面的那几个单词。

· 6 ·

图 5

"大家记住自己所写单词的顺序号了吗？"那位中年男子嘴里问着，脚步却向旁边的位子迈去，他还想让卡片上的单词不断增加（图5）。

"刚好100个单词！好了，多谢大家！"中年人向在场的人宣称，"现场的观众听好了，我下面就给大家诵读一下这些单词，我们创造奇迹的少年——菲利克斯会准确无误地熟记100个单词中的任何一个，他还可以按任意的序号将这些单词脱口而出：从第一个到最后一个，由最后一个单词说到第一个，甚至可以做到每隔1个、3个抑或5个单词再说出来，并可达到依大家随口说出的序号读出按此顺序排列的单词。那么，现在开始！"

"镜子，手枪，天秤，拾取物，灯泡，车票，马夫，望远镜，楼梯，肥皂……"中年男子按顺序逐个念完单词，没有对此做什么说明。

他念那些单词并没花多大工夫，可在我的印象里单词排序好像非常长。可实际上最后一个单词的序号只排到100位，这太令人难以置信了。要在这么短的时段内牢记它们，在我看来平常人的力量真有点儿达不到。

"胸花，别墅，糖果，窗户，卷烟，雪花，小链子，铅笔刀，雨……"中年男人机械地念着上面的单词，也包括我写下的那些。

被誉为神童的小孩此刻并无异常，静静地端坐于舞台上听。我对他是否能毫无差错地重复那些单词非常怀疑。

"椅子，剪刀，吊灯，街坊，星星，帷幕，黄果（橙子的别称）。全部念完！"中年男子宣称，"眼下大家选举几位当督察员，单词表就交给他们保管，请他们监督菲利克斯的答案，并向大家说明确切与否。"

大家一共选出了3名督察员，有一位是我高年级的校友，他比较成熟，而且为人小心翼翼。

"请现场的观众安静下来吧！"督察员们带着单词表入座后，中年男子说，"眼下就让菲利克斯背诵现场观众所写的100个单词。那就有请督察员辛苦一下，牢牢盯着单词表，看有无纰漏。"

演出大厅顿时鸦雀无声，不一会儿就传来了菲利克斯大声背诵单词的声音："镜子，手枪，天平，捡到的东西，灯泡……"

那个男孩好像是照着单词本读单词一样，很自负、有条不紊、不间断地背诵出了全部单词。我诧异地瞧瞧背对我们而坐的少年，又扭头瞅着椅子上的3位督察员（图6）。每次我都期望在少年背出单词后，督察员们能大喊一声："错了！"可是我所期盼的一幕始终都没有发生，督察员们眼睛直勾勾地盯着单词本，一脸的严肃认真。

图6

小男孩一直在念单词，当然也背出了我写的那3个单词（我事先并没想到记下单词的顺序号等到男孩背诵时再核对一下，好知道海报宣传和实际情况是否一致）。演出中少年一直没有间断地背诵每一个单词，一直到背出最后一个单词——黄果。

"准确无误。毫无纰漏！"一身炮兵打扮的督察员向观看演出的人们宣称。

"大家想不想让菲利克斯从第100个单词背到第1个单词（也就是从后往前背一遍）？也可以在背诵时在中间间隔几个单词，比如3个或者5个，抑或按观众要求从这个单词背诵到观众要求的另一个单词。"

于是现场观众各说各的，一片混乱。

有人说间隔7个单词，有人说背诵偶数单词，有人说中间间隔3个单词全部背一遍，有人说倒着背诵前一半单词，有人说由第37个单词背诵到末尾，有人说背诵序号为奇数的全部单词，有人说背诵序号为6的倍数的全部单词。

"大家安静一下，朋友们别急，一个一个地说。"中年男子提议，企图让现场不再那么混乱。

"由第73个单词背到第48个单词。"坐在我前面的水兵装束的人喊。

"行。听好了！安静！菲利克斯你听到了吗？那就有请你由第73个单词背诵至第48个单词。有请督察员们再辛苦一次，看有无错漏。"

少年立马根据要求背起了单词，他又一次无一差错地背诵了观众指定的单词——由序号为73的单词背到序号为48的单词。

"眼下，现场的各位朋友，大家让菲利克斯为我们说出单词的顺序号好不好？"中年男子问大家。

图7

我给自己打了半天气，才涨红了脸说："铅笔刀！"（图7）

"它的顺序号是68！"我话音刚落，少年就准确无误地答出来了。

完全正确！

接下来各种各样的提问由剧院的四面八方传来。少年一一给出了准确答案："太阳伞，顺序号为83……糖果，顺序号为56……手套，顺序号为47……腕表，顺序号为34……书，顺序号为22……雪花，顺序号为59……"

在中年男子宣称第一场演出完毕，演出大厅爆发出雷鸣般的掌声，大家欢呼着，喊着菲利克斯的名字。少年径直来到舞台的最前面，面向不同的方向笑笑，便退到幕后去了。

3. 用肚皮讲话

我忽然感觉自己的肩头似乎被人碰了一下。我下意识地回头，看到了三天之前和我同时浏览海报的傻大个儿。

"嘿，小家伙，让人给忽悠了吧？"

"怎么？你没被忽悠？"我气呼呼地反问道。

"我会被忽悠？呵呵！我是一个有先见之明的人，怎么会让人给忽悠了呢？"

"你就吹吧！能预见未来的你不是也被人给忽悠了吗？"

"我可没被忽悠，他们那点蒙人的本事我是知道的。"

"别乱说，我看你也不清楚。"

"他们表演中的所有奥妙我全懂。他们用的是腹语。"他颇为自得地说了一些我根本就听不明白的词语。

"那是什么？"

"那位老者在借助肚皮说话进行魔术演出，他精通腹语。那位老者自己提问，接着用肚皮发出声音答出问题。那些不明就里的观众却误以为是少年在回答问题。实际上那个少年压根儿就没讲话，当时正在椅子上犯困呢。这是真的，小家伙！这我可是看得真真的。"

"你说什么？借助肚皮表演？"我不解地问，可是他掉头走了，而且越走越远。

我进入与剧场毗邻的大厅，观众借演出中间休息的时间在此散步。我瞅见督察员身边有不少人，大家似乎在探讨一些问题。我驻足想听听他们到底在讲些什么（图8）。

"第一，借助肚皮表演绝不像人们所想象的借助肚皮讲话，"炮兵模样的年轻人对众人讲道，"因为借助肚皮演出的人，某些时候的声音听起来有点像由体内发出的。可实质上，他同其他人没什么区别，都在借助口、借助舌的不同部位发音——只是嘴唇没有动而已。他表演的奥妙是虽

图 8

然有声音发出，但嘴唇却纹丝未动，更绝的是他能做到脸上的表情依旧。他讲话之时，朋友们若静静地观察，就会知道在那个时候根本就看不出他在讲话。怎么说呢？我们打个比方吧，此时就是点着的蜡烛搁到他的嘴边，火焰也会安静地燃烧，因为他的喘息特别微弱。由于他这时讲话和以前并无不同，于是朋友们听上去似乎觉得声音来自某个方向——好像是一个隐形人在讲话。这些正是用肚皮演出的神秘之处。"

"恐怕不仅如此吧？"人群中的一位长者见缝插针地说，"借助腹语演出的人还常利用一些表演技巧把观众的注意力吸引到别处，好让观众摸不着头脑，他想达到的目的就是让现场观众不再关注他本人，隐藏实际的说话者……大概古代会巫术的人的讲话方法和眼下的这位借助腹语演出的人的方法一致。"

"照您的说法，眼下这位演出者是熟练掌握腹语技艺的人？唯有这样，方能说得通所发生的一切。"

"不，正好相反，正在进行的演出并未借助腹语表现一些东西，我也仅仅是向大家介绍了借助腹语演出的场景。尽管大多数现场观众均认为这是借助腹语进行的演出活动，但我想申明的是，这种看法确实是错误的。"

"此话怎讲？为何说他不是借助腹语在演出？"人们疑惑地问道。

"这很好理解。记录单词的本子是在现场观众的手中。少年背单词之际，那位长者可见不到记录单词的本子。我们假设那位长者是个腹语高手，但你对他记住那么多词汇就不感到疑惑吗？我们再假定少年是不能随便讲话的一个傀儡，仅仅是用于演出的摆设，那老者的记忆力也堪称恐怖。由此便不能用简简单单的腹语来解释这场演出，这样只会让事实更加背离实际。果真如此，我们就没有必要再去探讨老者究竟是不是腹语大师了。"

"可是怎么理解台上演出时的一幕幕呢？难不成真是奇闻一件？"

"很明显，他们的表演无法与奇闻相提并论。可是，我依然被搞得晕头转向，无法用自己已有的知识说清演出时所发生的一切……"

宣告演出即将开始的铃响起来了，热烈讨论的观众们陆陆续续回到了自己的座位。

4. 正式节目之外

在两场演出的间隙，老者又在做一些让人看不懂的预备工作。

他把一个支架移动至表演台的中间，该支架由底座及与底座成90°的和常人差不多高的木棍组成。而后老者拿了把椅子搁在木棍前，让菲利克斯站到椅子上，接着他将少年的右臂放在木棍的最上面，又用另外一根木棍搁到少年的左臂下。

结束了让我无法理解的预备工作后，老者的手在少年的面部做了一些奇怪的动作，像是在用手轻抚，可是他的手却并未碰到少年的脸。

"老者在哄少年睡觉。"我身后的观众说道。

"老者在对少年进行催眠！"我左侧的女士说道。

老者的一系列举动真的把菲利克斯带进了梦乡——他紧闭双目，纹丝不动地停在那里。

然后颇有意思也让人不可思议的事情发生了。老者悄悄地挪出了少年脚底的椅子，少年就那么神奇地停在了半空，两臂由两根木头托着。老者又不声不响地拿掉了少年左臂靠着的木棍——尽管此时仅有一根木棍托着少年的胳膊，但他依然稳稳地停在原地。让人难以想象！

"这是催眠发挥了作用！"我左侧的女观众做起了解说员，"下面少

图9

年就会任人摆布了。"

后面发生的一切都印证了我左侧的女观众的话，老者轻轻挪动了少年的身子，在少年的身体与木头间形成了一定的角度——重力好像在此时失去了作用，少年的身体奇迹般地一直处于原先的状态。这时只见表演节目的老者轻轻翻转起少年的身子——少年居然仅由一根木棍支撑着一只胳臂还能以水平状态位于空中一动不动。（图9）

"这个魔术可不在预告的节目内。"我左侧的观众喊道。

"您说什么？"我询问道。

"在预告的节目之外。"

"既然节目预告里没有，那为何要表演呢？我弄不懂。"

"我的言下之意是节目预告里可没说有这个节目。要是宣传广告上没这个表演项目，那它就是节目预告以外的表演了。"

"但是少年为何能一动不动呢？"

"我也搞不明白，可能是借助一种魔法才做到的吧。我们这个位置根本就瞧不明白少年究竟靠什么才能稳稳当当斜躺在空中。"

"这还不清楚吗？那可是催眠的功劳！"位于我左侧的女观众靠过来

说道，"少年稍后就会听任别人的摆弄。"

"瞎说！"坐在我右边的男同胞反驳道，"人若被催眠了，哪儿能斜躺在半空？一定是用了一种我们肉眼看不见的很细的绳子，或是一种我们肉眼无法看清的非常光滑又洁白的带子抑或是其他的东西，除此之外就无法解释所发生的这一切。"

可是菲利克斯的确就那么一直停在空中，确实没有别的东西托着。表演节目的老者为消除观众的疑虑还特别用手在少年的身上反复做一些动作，用以说明他们确实没有作弊——压根儿就没用传说中用来隐身的绳子或特殊的带子。表演节目的老者当时分明也在少年的身子下面做过一些动作。很明显，少年的身体并未被任何一种透明的东西托举。

"瞧瞧，瞧瞧！我就说嘛……那就是催眠的作用。"旁边的女观众得意地说。

"这才不是催眠的功劳呢！"一直坐在我右边看整场演出的男士极力辩解道，"他被施了魔法，绝对不可能是其他的什么办法。会变魔术的人通常都神通广大。"

少年依然平躺于半空，似乎正在隐形的床榻上熟睡。

此时老者上前用东西遮住了少年的双目，走到舞台最前端，当众宣告精彩节目马上上演。

5. 心有灵犀

"下面现场观众会看到让人震惊的一幕，"老者宣布，"尽管菲利克斯被遮挡了视线而且停在空中，但他依然可说出现场观众口袋中、钱夹里装着的物品。接下来就请诸位静观——'心有灵犀'！"

后来的表演让人叹为观止，而且出人意料，与众不同。观众好像是在欣赏幻想剧似的。我被所发生的一切完全给弄晕了，呆呆地坐在观众席上，跟中了邪一样。

眼下我竭力在回忆当时的场景，就算仅能想起很少的一点点，对我而

图10

言也是莫大的宽慰。

老者踱到了观众就座的厅内，穿梭于现场观众之间。只见他来到一名现场观众的身边，请那名观众取出口袋里的物品（图10），出现在那名现场观众手中的是香烟盒。

"请注意！菲利克斯，你能不能说说，我身边的这位是什么人？"

"军人。"少年快速地答了出来。

"正确！那么他正在给我看什么物品呢？"

"香烟盒。"

就是少年的眼睛不被用布挡上，他也无法看见现役军人给老者看的是什么东西：一是距离太远，二是光线不好。何况少年还被老者用厚布遮住了视线，在这种情况下他居然能知道现场观众和老者的一举一动，实在让人称奇。

"正确！"长者又问，"那你猜猜，现在这位军人手里拿着的是什么物品？"

"火柴。"

"好！现在他手里拿着什么？"

"眼镜。"

少年都答对了！

长者掉头走了，他又在观众席内窜来窜去的，在现场的一名中学生模样的年轻人身边再次驻足。

"请问，现在坐在我身旁的是什么人？"他又向少年发问。

"一个女孩。"

"好！那么你能不能讲讲，那个女孩递给我的是什么物品？"

"一把梳子。"

"太棒了！现在呢？"

"手套。"

所有的问题都答对了！

"那么现在正在向我展示物品的又是什么人呢？"老者不声不响地走到一名观众身边。

"一名政府文职官员！"

"聪明！那他刚给我看了什么样的东西？"

"他的钱夹。"

这不可能是腹语术，现场观众都在老者身边，一个个都聚精会神地观察着他的言谈举止。可以肯定的是，讲话的是菲利克斯，绝不是什么木偶人或其他类似的东西，更不是某些人所说的老者在用腹语说话。菲利克斯似乎真的具有特异功能，可以猜透老者心里想的是什么。

后面又发生了令人吃惊的一些事情。

"菲利克斯，请你说说，我自钱夹里取了什么东西？"

"三卢布。"

"正确！"

"你能不能再说说现在我拿了什么呢？"

"十卢布。"

"聪明！你能不能说说我手里拿的是什么？"

"信封。"

"我现在来到了什么人身边？"

"一位大学生模样的人。"

"太棒了！请问他递给我的是什么东西？"

"一份报纸。"（图11）

图11

"正确！那你判断一下，看能不能说出我从他手里拿来的物品是什么？"

"别针。"

演出时的气氛并不轻松，菲利克斯很冷静地回答着问题，没有犯错，就连犹豫和短暂的停顿都没有。

要说菲利克斯可以看见搭档手中攥着的别针，显然很荒诞。若是台上所发生的一切不是街头巷尾的骗术，又该如何解释？超能力，先知，还是真的心有灵犀？

演出结束后，这些问题依然盘旋在我的脑海里。

回去的时候我一直在思考这些疑问，甚至失眠了。这场演出太不寻常，让我心潮起伏，思绪万千。

6. 表演魔术的男孩是我的邻居

大概两天后，我回家时猛然发现，走在我前面的就是刚和他的一位亲戚一起搬到我家楼上的那个男孩。后来我发现他们几乎不与周围的人交往，我一直没机会和我的邻居认识一下，甚至一直都没看清楚他的脸。

他缓缓地向楼上走着，左手拎着蔬菜，右手拎着煤油。大概是他听见了我走路的声响，回过头来。我惊讶不已——他就是表演《心有灵犀》的那个男孩菲利克斯（图12）！

怪不得我看着在台上表演的男孩时，有种似曾相识的感觉！

我一声不吭地看着他，一时语塞，竟不知说什么才好。好半天我才镇静下来，我结结巴巴地对他讲："有空上我家玩……我让你参观我的动物标本……蝴蝶和飞蛾都有……还有我的电机……我自己制作的……是我用瓶子制造的……冒出的电火花非常漂亮……你来我家会看到的，你还可以看到……"

"那你能不能制作小船？带帆的那种？"

"很遗憾我唯独没有小船。可我家的罐子里有北螈（蝾螈的一种，属于两栖动物），还有我搜集的邮票，厚厚一本集邮册，里面有五花八门的稀罕的邮票，有婆罗洲和冰岛的……"

令我万万没想到的是，我的邮票帮我实现了我的心愿。我没想到，表演魔术的小男孩也痴迷于集邮。一听到说我家有邮票，菲利普斯的眼睛都瞪圆了。

"你也集邮？邮票多不多？"他来到我跟前，连珠炮似的问。

"很多，而且都很稀有。有芬兰的、阿根廷的，还有尼加拉瓜的……今晚就到我家看看吧！我家就在你家楼下，瞧，就是这儿。你到了就按门铃。刚好老师没留家庭作业……"

这便是我和菲利克斯的第一次见面。他承诺第二天上我家玩。到了我

图12

们约定的时间，菲利普斯果然来了。我急忙把他带进了我的房间，向他炫耀我的那些个人爱好：我在两个夏季费心采集的蝴蝶和飞蛾标本；我拿空啤酒瓶制作的电机——它可是让我在朋友中很有面子的玩意儿；去年夏天花费时间抓的北螈，统统搁在玻璃瓶里；我的玩具猫谢尔科，跟狗似的扒拉自己的爪子；最后就是我搜集的邮票，我们班没有哪个同学的邮票像我这么丰富。令我遗憾的是，表演魔术的男孩只对邮票感兴趣。在集邮方面他的成绩不及我的十分之一。他给我讲他集邮成果不佳的原因：尽管可以在店里买邮票，可他的舅父（原来那位老者是他的舅父，菲利克斯的父母早已不在人世）并不给他钱买这个；他从不跟人交往，自然也就找不到可以互换

邮票的朋友了；他们常常居无定所，也没人给他邮递信件。

"总该有些熟人吧？"我忍不住问。

"就算结识了一些人，但很快又会搬到新的地方去住，交往自然就无法进行了，因为我们从不去相同的地方演出。另外我的舅父反对我认识陌生人，我是偷偷来你家的。我不敢让舅父知道，今天他出去了。"

"他为何不让你与人交往？"

"他怕我泄露秘密。"

"什么秘密？"

"魔术方面的。如果我泄露了我们表演时一些不可公开的秘密，就没人来欣赏我们的演出了。"

"这些都是魔术？"

我的新邻居此时却一言不发。

"你告诉我，你和你的舅父演出是在表演魔术吗？真的是魔术吗？"我又问。

图13

看样子没那么容易让他回答我的问题。他依旧全神贯注地看邮票，都顾不上瞧我一眼。

"阿拉伯的邮票你有吗？"他好不容易开口了，可是他根本就不理会我的提问，一门心思扑到邮票上（图13）。

我发现眼下想让他一一解开我心中的谜团很不现实，我就把我的收藏一一展现在他的面前。

那天，我并没有从菲利克斯那里获得有用的信息。

7. 超强记忆力的奥秘

最终我还是实现了我的心愿！第二天我的新邻居解释了超强记忆力的奥秘。至于我怎么和他套近乎，让他说出来这个，我就不一一赘述了。不过我付出了12张稀有的邮票的代价，菲利克斯的意志力并不是坚不可摧的。

这件事发生的地点是我的小邻居家。我应邀前往，因为男孩事先得知他的舅父有事外出。

不过他还是很谨慎，在说这些奥秘之前一再要求我起誓："不管遇到多大的事，都不得向人说出这个秘密。"等忙完这一切，小男孩拿来了一张纸，快速绘制了一张表（图14）。

图14

我一时毫无头绪，不是低头看图，就是眼巴巴地瞅着我的小邻居，希望他尽快能给出答案。

"看明白了吗？"菲利克斯悄悄地说，"看出点什么没有？我们在表演当中以字母替代数字，比如0代表H，这是由于0的首字母是Н。0亦可代表М。"

"为何0能代表М？"

"以0代表М是因为它俩的发音类似。1代表Г，这缘于它们的书写方法比较接近。"

"有何共同之处？"

"Г 的音一变就成了Ж。"

"哦，原来如此。Д代表2是因为2的首字母是Д的缘故。又由于T与Д的发音比较相近，由此也可用其指代数字2。那么，为何又以3代表字母К呢？"

"你自己数数К是不是由3笔构成。又因Х和К读音比较像，因此也能用3代表。"

"是这样啊！和4对应的为Ч抑或是和其音似的Щ（数字4的首个俄语字母为Ч）；与数字5相对的字母是П抑或是与其发音相似的Б（数字5的首个俄语字母是П）；6代表Ш（数字6的首个俄语字母就是Ш）。那又为何Л也用6代表呢？"

"这个记住就行，没有缘由，说起6你立马就要在脑子里联想到Л。7代表С抑或С表示Э（7的首俄语字母便是С，而С又与Э的发音很相像）；8代表В抑或8代表Ф（8的首个俄语字母就是В，而В与Ф的发音很接近）。"

"原来如此，不过为什么9对应的是Р？"

"在镜子中，9和Р很像（图15）。"

"但是，为何用Ц代替9呢？"

图15

"因为它们两个都有小尾巴。"

"熟记这张表格对我而言倒不是很难，但是我不清楚这有何意义。"

"你等一会儿就知道了。表格中的字母只是辅音字母。假如把辅音字母与元音字母合在一起——你要记住元音字母是不可以用来代表数字的——便可构成表示数字的词语。"

"比方说……"

"比方说窗户就是30，这是由于K就是3，H就是0。"（"窗户"的俄语单词分别含有一个K与H）。

"每个单词都可以代表一个数字吗？"

"一点不假。"

"既然这样，那桌子代表哪个数字呢？"

"桌子——726：C——7，T——2，Л——6（'桌子'的俄语单词包含有C，T与Л字母）。每个数字都对应着一个单词，但不是每个都这样容易。你今年多大了？"

"12岁。"

"那么，刚好可用单词'年代'来代表：Г——1，Д——2。"（俄语单词年代内有Г和Д）。

"假如我13周岁，又该如何表示呢？"

"呃，那好办，可用'甲虫'代替：Ж——1，К——3。"（"甲虫"的俄语单词包含字母Ж与字母К）。

"那你说说'453'和什么字母相对？"脑子里闪出这个数字，我就随口说出来。

"可用长烟斗杆的俄语单词替代。"长烟斗杆的俄语单词中分别包含Ч、Б、К，这些字母又分别与数字4、5及3相对应。

"这实在是太有意思了！这个办法有助于你熟记数字。但是我看你在演出时回答问题时用的可都是单词而非数字，那又是为什么呀？"

"哦，我的舅父将1至100的序数词都与相应的单词相匹配。例如，数字1至10分别替代的单词为：

"1表示刺猬，"刺猬"的俄语单词含有字母Ж；

"2表示毒药，毒药的俄语单词里有字母Д；

"3表示奥卡河，奥卡河的俄语单词包含有字母К；

"4表示白菜汤，白菜汤的俄语单词里有字母Щ；

"5代表墙纸，墙纸的俄语单词包含有字母Б；

"6表示脖子，脖子的俄语单词里有字母Ш；

"7代表胡子，胡子的俄语单词含有字母С；

"8表示柳树，柳树的俄语单词包含字母В；

"9代表鸡蛋，鸡蛋的俄语单词内有字母Ц；

"10表示火焰，火焰的俄语单词内有字母Н。"

"我根本就没整明白——什么是序数词？它又有何用处？"

"看来你是一个不善于猜想的人！刺猬——1，这缘于Ж——1；毒药——2；奥卡河——3；白菜汤——4……"

"噢，我知道这是怎么回事了！墙纸——5，那是由于Б——5……"

"嗯，就这么简单。你都瞧见了，熟记这一堆单词并不是很难。在你将这10个基本的词语熟练掌握后，不管其他人对你说出怎样的单词都难不住你了——你只管通过联想把它们联系起来就行。"

"如何联系呢？我搞不清楚。"

"那你随便写一些单词，我仔细给你讲解。"

我挥笔写下了10个单词：

1. 雪；　　2. 水桶；　3. 笑声；　4. 城市；　5. 图画；
6. 靴子；　7. 汽车；　8. 绳子；　9. 金子；　10. 死亡。

"在其他人念这10个单词之际，我就在脑子里把这些单词同相应的序数词结合了，组合的结果为：

"（1）雪地里有只刺猬在狂奔；

"（2）毒药被装进了水桶；

"（3）笑声在奥卡河上回荡；

"（4）白菜汤有些城里人也在喝；

"（5）一张图画挂在墙的正中央；

"（6）脖子上吊着一双靴子；

"（7）汽车卡住了胡子。"

"汽车能卡住胡子？听上去好荒谬。"

"先别管荒谬不荒谬，只要有助于记忆就成，越荒谬越容易记住。为何'刺猬在雪地上狂奔''靴子吊在脖子上'？这也很荒诞，可是你没有发现很容易记忆吗？"

"哦，那你接着讲。如何把'柳树'与'绳子'联想在一起？"

"柳条如同绳子般可屈可伸。"

"那好，你说'鸡蛋'如何与'金子'联系起来呢？"

"蛋黄的颜色如同金子。"

"'火焰'可致人'死亡'，这样联系对不对？"

"你也可以那么联想。把单词通过联想与序号联系起来后，仅需顺次熟记各个单词相对应的序号所指代的单词，我就能读出所有单词了。"

"雪地里有只刺猬在狂奔，毒药被装进了水桶，笑声在奥卡河上回荡，白菜汤有些城里人也在喝。"

"噢，别忙，让我也来过过瘾好吗？一张图画挂在墙纸的正中央，脖子上吊着一双靴子，汽车卡住了胡子……"

"你也看出来了吧？句子愈荒诞，愈能记得牢。单词8该怎么说来着？"

"（8）柳条如同绳子般可屈可伸；

"（9）蛋黄的颜色如金子；

"（10）火焰可致人死亡。（图16）"

"好了，那我请你讲讲单词5。"我的小邻居提出。

"5对应的是墙纸，和墙纸相对的又是图画。"

"下面你就将这10个单词倒着诵读一遍，好吗？"

开始我还有些迟疑，可连我自己都不敢相信的是，我一字不落地读出了每一个单词。

呀！好神奇！我无法掩藏自己的兴奋，喊道："我也可以巡回演出了！"

① 雪地里有只刺猬在狂奔

⑥ 脖子上吊着一双靴子

② 毒药被装进了水桶

⑦ 汽车卡住了胡子

③ 笑声在奥卡河上回荡

⑧ 柳条如绳子般可屈可伸

④ 白菜汤城里有些人也在喝

⑨ 蛋黄的颜色如同金子

⑤ 一张图画挂在墙的正中央

⑩ 火焰可致人死亡

图 16

"别忘了你起的誓……"

"别害怕，我不会抢你的饭碗，我也就是过过嘴瘾。我可记得你演出时一字不落地念的可是100个单词而非10个！你如何记住的？"

"没有什么窍门，就是采用我告诉你的办法。熟记100个单词所相对的单词即可。"

"你可不可以给我说说11至20代表的单词？"

我的小邻居在纸上写下了这些对应关系：

11代表绒鸭；　　　　　12表示坏蛋；

13代表甲虫；　　　　　14表示渣滓；

15代表嘴唇；　　　　　16表示针；

17代替鹅；　　　　　　18指代龙舌兰；

19代替山；　　　　　　20对应的是房子。

"这不是唯一的，还可以是别的单词，"我的小邻居进一步说，"你可以找些其他的单词来试试。例如，过去我们表演时用'鱼竿'替代'2'，而不是以毒药替代2。可是2和'鱼竿'联想起来有点困难，我就提议让我的舅父找个词代替'鱼竿'，我的舅父就想出了'毒药'这个词。另外，在过去我们用'晚饭'替代10，我则用'火焰'表示10。'龙舌兰'虽然不好用，可是目前舅父还没有想到更好的词，就只好先这么用着。"

"万一需要熟记的是100个句子呢？那样会不会很难？"

"假如勤于练习就不难。直到现在我都还能背出最近的那次演出中现场观众说出的那100个单词呢。"

"噢，你还能想起我给你说出的那些单词吗？"

"它们的标号各为多少呢？"

"序号分别是68、69、70，对不对？"

"铅笔刀，雨，火灾。"

"正确！你如何做到牢记不忘的呢？"

"我用的还是联想记忆法：68是锡，69是椴树，70是睡眠。削铅笔的刀是以锡制造的，椴树下有人在避雨，睡梦中看到了火灾。"

"熟记这些单词得用多少时间？"

"就拿刚刚结束的那场演出来说吧！大概……舅父快到了，舅父！"我的小邻居偶然间通过窗口瞧见他的舅父踏进了院门，他异常慌乱地说："你快走。"

图 17

在我的新邻居的舅父踏上楼梯之前，我迅速跑进了自己的屋子（图17）。

8. 心有灵犀的奥秘

我高兴至极，我知道了菲利克斯他们演出的奥秘……看过演出的人里仅有一人了解了其中的神秘之处，就是我！

后来的一天，我获取了那些奥秘的另外一部分，这可是我付出高昂的代价之后得到的。为了获取它，我献出了集邮册，朋友们，它可是我两年的心血凝结而成的，我用它从菲利克斯的嘴里问出了他们演出其余部分的奥秘。但是我要说的是，近一段时间我非常迷恋电子类的实验和设备展览，已经对集邮没那么痴迷了，正因如此，在献上所有邮票后，我并未感觉到很心疼。

在我又一次起誓要严格保守秘密之后，我的小伙伴也就是菲利克斯说，他与他的舅舅其实在演出前已经约定了一些只有他们自己才懂的暗语。正因为有约定的暗语，才不怕当着现场观众的面谈话，现场的观众却并不懂这里的奇妙，更不可能想到这一点。在下一页我将列出一些菲利克斯与其舅父的暗语（图18）。

当时我压根就没弄懂那张暗语表格的意义。我的小玩伴菲利克斯以实例向我演示他同舅父是怎样借助暗语展开谈话的。比如现场的女观众将其钱夹递给了他的舅父，于是舅父就会用这样的语句朝在演出台上就座的菲利克斯发问："知道是什么人递给我一件物品吗？"

"知道"在暗语表格中代表"妇女"。他就会答道："是一名妇女。"

"聪明！"舅父继续讲道，"现在可以猜出来，这是何物吗？"

常用词和句子	代表的含义（如前面讲过"知道"一词，它代表的含义为妇女。）		
怎样，什么样的	1 戈比或 1 卢布	文职官员	夹文件的夹子
现在，什么，哪里	2 戈比或 2 卢布	读大学的学生	钱夹
那你猜猜	3 戈比或 3 卢布	女孩子	铜币
正确！请	5 戈比或 5 卢布	水兵	头巾
你可不可以	面值为 10 戈比的硬币或 10 卢布	现役军人	信封
推断一下	面额是 15 戈比的硬币	女士	银币
请问	币值为 20 戈比的硬币	小女孩	画画、绘图等用的笔
很好，试试	外国硬币	小男孩	香烟

图 18

依照暗语表的显示，"聪明"与"现在"代表"钱夹"。菲利克斯答对了以后，他的舅父会接着提出问题："聪明！你能说说，我自钱夹内取到了哪种物品吗？"

"信件。"他不假思索地答道。他熟悉暗语表内的秘密——"聪明"与"你能"组合起来的意义早已了然于胸。

"聪明！那么现在再猜猜，我手中握着何种物品？"

"铜币。"菲利克斯答道。他和舅舅约好用"聪明"与"猜猜"代表铜币。

"是的！猜猜这枚硬币的面值？"

"3戈比。"

"你可真聪明！那请问，我现在拿到了什么？"

"一支铅笔。"

"正确！它是谁送给我的？"

"水兵。"

"很好。他递给我什么东西？"

"一枚外国硬币。"

利用这些私下约定好的暗语，舅父便可随便提问。"聪明""正确""很好"等词语，还有"你可不可以""知道""是的""那你猜猜"，这些都是日常用语，根本没人会想到这里面藏着玄机，也就不会起疑。

不仅有这一张暗语表，另一张暗语表中的词语大致可涵盖现场所有人衣袋里的物件。没有什么东西会让他的舅父大惊失色。

可是这两张表里的暗语并非全部。有些在现场观摩表演的觉得不尽兴，就请他们去家里表演，为了应对观众的这一要求，舅父和外甥便以其他一些词语代表下页图中的物件（图19）。

仅需熟记表格内的暗语，舅父和外甥就能将游戏顺利进行下去。菲利克斯即使是在闭目养神时，也可脱口说出观众的一切举动。舅父和他之间会进行如下的对话："现在哪位观众起身了？"

"一位大学生模样的人。""现在"指代"大学生"。

常用词和句子	曾用词			
	正确	太好了	好	太棒了
	意味着			
怎样，什么样的	香烟盒	戒指	腕表	折扇
现在，什么，哪里	雪茄	胸花	眼镜	手套
正确！请	打火机	小挂件	夹袋器	宽边帽
你可不可以	火柴盒	发簪	梳子	拐杖
推断一下	烟灰缸	金属帽	相片	书
很好，试试	大头针	羽毛	刷子	杂志

图 19

"他正走向何物？"

"食物柜。"

"是的。现在他到达了何物附近？"

"炉子。"

"正确！现在他走向什么地方？"

"客厅。"

表演依照顺序进行。

最后，在玩猜手指和扑克牌游戏时有专门的暗语：王、2、3、5、10 的表现手法与面值为1戈比、2戈比、3戈比、5戈比及10戈比的硬币大致相当；而面额为4戈比与15戈比的硬币表示方法一样，币值为6戈比的硬币与20戈比的硬币的表示方法一样，等等。

总而言之，所有的表演活动都是事先设计好的，甚至连一些细节都预先做了安排。仅需熟记早就设计好的暗语，便可用新颖独特的魔术般的神奇表演吸引观众。

知道了其中的奥秘后，变幻莫测如魔术般的表演在我看来是那么容易。在我揭开它的神秘面纱时，不得不为设计者的独具匠心和智慧称奇。不论怎样我都无法想象出这一切，虽然为此失去了我珍爱的邮票，我也觉得值得。

可是我心中仍然有没有解开的谜团：他为何能高悬于空中呢？难道就是靠他的那只依靠木棍的胳膊支撑？可是他横卧的那段时间可并不短。你要知道，所有人都认为是催眠起的作用，大家的说法对吗？又是怎么催眠的？听了我的提问，我的新邻居打开了抽屉，从里面拿出了一件怪怪的物件：一根长长的厚实的铁条，铁条上有一些圈状的东西及一些皮带（图20）。

"它们便是我表演时的依靠，就是托举我长时间悬于高空的宝贝。"我的小邻居平静地讲道。

"你确定就躺在这个东西上？"我有些疑惑。

"它们都藏在我身上，衣服遮挡住了。我穿给你看，"他熟练地把圈状东西

图20

套进了自己的一只手和一只脚，皮带则系到了他的腰

和胸。"倘若此时把铁

条的这头塞进木棒，我

就会悬浮在空中了。现

场所有的观众都看不到

图 21

这些秘密武器。舅父在大家不知不觉中就给我带好了所有道具。我

躺在空中非常舒坦，一点都不感到疲倦。若是想美美睡一觉，尽管

放心大睡好了（图21）。"

"在刚刚过去的那场演出中，你没睡觉？"

"在演出时睡觉？那个时候睡觉也太奢侈了。我仅是闭目养

神，舅父让我那样。"

我突然想到了我周围观众的那些争论，觉得非常好笑。真相竟

然如此简单！

我以最严肃认真的表情和语言一再发誓，不会把我知道的一切告诉其

他人。接着我走出了小邻居的家门。

第二日，我在窗口瞅

见我新结识的小伙伴跟着

他的舅父坐着马车去了火

车站（图22）。

这居然是我和菲利普

斯的最后一次见面，从此

我再也没有见到过他。我

也没有听说《世纪奇迹》

在别的城市上演的消息。

可是我一直坚守着

对朋友许下的诺言，多年

来一直未曾对他人说起过

"超强的记忆力"与"心

有灵犀"的奥秘。

图 22

9. 教授撰文

下面我要告诉大家我之所以不再为菲利克斯保守秘密的理由。其实理由很容易想到：因为已有人揭开了那个秘密，并在纸媒上公之于众了，我继续保守秘密不是显得很迂腐吗？而且菲利克斯早就不再是唯一的"世纪奇迹"了，他的那位舅舅也不是天下唯一一个玩这个游戏的行家了。记不得具体是哪天，我偶然发现了一本时尚的德语杂志，这本杂志详细陈述了如何掌握大量单词的方法，而这些方法却被那些居心叵测的人用于牟取暴利。不久之后，我又在一本俄文版的医学刊物上见到了一篇稿子，它可是我们国家有名的赫捷列夫的大作。该文揭开了"心有灵犀"的秘密，让我受益匪浅。我选了一段和亲爱的读者朋友们共勉——当然时至今日，里面可能已经没有让朋友们惊讶的内容了：

当春风的脚步来到1916年时，有一则通知张贴到了露天剧院的门前，说有位女艺人要来巡演。据通知上讲，这个女艺人可以在远处猜透其他人的所思所想。整场表演就是在如下的气氛中进行的：有名十一岁左右的姑娘登上了表演台；剧场的员工把一张座椅放到了姑娘跟前，那名姑娘站在椅子后面，伸出一只手轻抚椅背；接下来那位姑娘的双目就被人用厚厚的一大块布严严实实地蒙起来了。一切准备就绪后，姑娘的父亲便在台下的人群里进进出出。很大的露天剧场爆满。那位姑娘的父亲一方面用眼睛仔细瞧人们手里所持的物品，触碰台下人口袋里的东西，另一方面以询问的口气请小姑娘答出那些物品的名字。小姑娘常常是只要听到提问便能声音洪亮、毫无差错地回答出来那些东西叫什么，而且很多情况下小姑娘的反应非常快。

忽然姑娘的父亲跑到了我所在的包间并用手指我，询问姑娘："他是什么人？"

很快声音就从姑娘那边传来："教授。"

"他叫什么名字？"

那姑娘再一次正确地答了出来。

我突发奇想地自口袋摸出一本名为《医学日历》的杂志，请小姑娘回答这本杂志的全称。在姑娘父亲的提问下，姑娘说出答案："日历。"

小姑娘的绝佳表现赢得了观众持续不断的热烈掌声。

为了探寻其中的奥秘，教授提议再来一场演出，只不过演出地点不再是露天剧场的演出台，而是选在了仅有数名观众的场所。

小姑娘的父亲非常客气地应允了。赫捷列夫继续写道：

同一个包厢的几名观众随着我一起来到了露天剧场的一间办公室。

到了办公室我接连提问，我敏感地发现了那位姑娘魂不守舍。在我询问姑娘是否愿意同我进行猜测物品的游戏后，小姑娘考虑了一番告诉我，她得先调节一下情绪。我扭头询问姑娘的父亲，他女儿得需要多久才能调整好情绪，与我进行猜测物品的游戏。那位父亲说："大概需要30天。"

虽然后来我试图与小姑娘进行猜测物品的一些游戏以便进行我的研究，但都没能成功。我不得不转换思路，请小姑娘和他的父亲来重启这个研究项目的实验。我请小姑娘来到办公室一隅的椅子之后，我坐在那张座椅上。我又请姑娘的父亲站在几米之外的地方，由几位观众轮番出示各种不同物品。请小姑娘的父亲根据观众出示的物品向小姑娘提问。每每都是父亲问题刚一出口，小姑娘就会准确地答出问题。可以确定的是，那位父亲并未说过任何多余的话来对小姑娘进行点拨，基本上每次提问完，那位父亲就一语不发了。

在演出落幕后，向来好奇好问的教授当然不想放弃这难得的机会，想探究这一不同寻常状况背后的玄机。他请这父女二人前往自己的家中进行表演。小姑娘的父亲稍加考虑便同意了。定好了日子和表演的时间后，教授天天期盼着父女二人能如约而至，来表演猜测物品的游戏。教授想，在自己的家中表演环境并不嘈杂，前来观看的观众也寥寥无几，这样更加方便自己的观察和研究。眼看定好的日子到了，父女俩却迟迟未出现。教授望眼欲穿，也没盼到自己邀请的贵客。打听到自己请的贵宾当晚会在另外一个地方演出，教授慌忙前往未在自家出现的客人将去的演出地点，观看另一场《心有灵犀》的表演。

　　但是这个美丽故事的结局却让人瞠目结舌。我们一起来看看教授是怎么说的吧：

　　我一步入剧场的大院就让一名素未谋面的男士挡住了去路。陌生男子自我介绍说，他是位刚毕业的迄今为止尚未给人诊过病的医务工作者，他说他不仅对这家剧场了如指掌，还和小姑娘的父亲颇有些交情。他说，那父女俩之所以没到我府上，是因为他们当晚要到这家剧场表演。他说他们这会儿恰好在与现场的观众互动，那些观众对表演非常感兴趣，正看得起劲呢，他们觉得这种表演非常奇特。而我是一名科研人员，他们那点小把戏只能蒙骗我一时，却蒙骗不了我一世。在露天剧场那间办公室表演的那次，倘若仅有我和小女孩的父亲在场的话，那位父亲可能会将其中的奥秘告诉我，可是那次还有其他的人在场，为了糊口他们不能讲出实情。

　　其中奥秘就是小姑娘的父亲用一些很特别的提问方式询问那些日用品，字母和数字都是他们俩才听得懂的暗语。小姑娘经过训练很快就对那套暗语烂熟于心，当然能随时随地巧妙回答父亲的各种提问。我们日常生活中不可或缺的东西，如车票、图书、香烟盒、勋章、火柴盒、腰带等，甚至一般的人名，如尼古拉、米哈伊尔、亚历山大、弗拉基米尔等，父女俩均约定了暗语。而对于生活中较为常用的东西，父女俩编好了数字及字母暗语。简而言之，父亲的提问里暗含指代特殊字母及数字的词语。

　　我给您举个例子说说吧。倘若要让女孩回答的数字为37，含有暗语的提问就为："你能准确地告知我吗？"而"告知我"代表数字"3"，"准确地"则表示"7"。于是，小姑娘的父亲在向女儿提问部队上的官员腰带上的数字为多少的时候就会这么问："请准确地告知我。"小姑娘一听自然会说出"37"这个数字。而若现场的人在笔记本上书写的数字为377，小姑娘的父亲就会这么提问："请准确地告知我，准确地……"而当数字为337时，小姑娘的父亲就会采取如下的提问方式："请准确地告知我，告知我……"

　　由于父女俩对人们日常生活里常见的物品都约定好了暗语，小姑娘回答起来更加容易。比方说，"什么"特指"腕表"，"什么样的"表示"钱夹"，"这是什么"指的就是"梳子"。显然，倘若这样提问："口袋里装着什么？"小姑娘的回答肯定就是"腕表"。若小姑娘的父亲问："口袋里装的是什么样的物品？"小姑娘一听肯定会说是"钱夹"。要是问："这是什么物品？"小姑娘准会说"梳子"。如果需要把暗语转换成数字或字母，就得使用另一种父女俩约定好的规则了，如父亲说："你好好想想。"小姑娘就会明白，依照字母表调整词汇回答问题。

第二章

数字巨人

1. 能获利的交易

我下面要讲给大家的事的发生地和时间连我自己都没搞明白，可能这件事根本就未曾发生过。或者说，这个故事根本就没存在过。然而这故事确实很有意思，我就拿来分享一下吧。

一

某一天，一位有钱人家里出现了一位陌生人，那个人表示要和有钱人谈一笔能让有钱人获益的买卖——不过有钱人压根儿就不清楚还有这样的买卖（图23）。

图23

"由明天开始，"陌生人道，"在30天里，我每天都给您1 000卢布。"

当有钱人大气都不敢喘一下想聆听详情时，访客的话却戛然而止。

"有这样的事？你接着说！可是你为何要这么干呢？"

"首日您仅需为那1 000卢布付1戈比的代价。"

"1戈比?"有钱人还以为自己的耳朵出了毛病，又念叨了一遍。

"是的，就是1戈比。第二天我给您1 000卢布，您须付2戈比。"

"是吗?"有钱人好奇地询问，"第三天……"

"第三天给您1 000卢布，您得给我4戈比;第4天给您1 000卢布，您得给我8戈比;第5天——您给我16戈比。也就是说，在30天里，您头一天给我的戈比数都是第二天的$\frac{1}{2}$。"

"确实如此吗?"

"是的。这就是我的目的，别的事没有了。我们双方按约定办事就行，我每天给您1 000卢布，而您得将我要的戈比给我。另外不可以在不足30天时终止我们的合作。"

"天底下竟然有这样的事，送我1 000卢布，只向我要1戈比。莫非他给我的是假钞，否则怎么解释这一切?难道那个访客脑子出了问题不成?"有钱人百思不得其解。

"成交!"有钱人高兴地喊道，"你尽管每天送钱过来，我会给你你所要的钱。你不要打歪主意，你给我的必须是货真价实的钱。"

"我保证给您的是真金白银。明天您就等着我吧。"

来访者离去了，有钱人坐在那里一直在沉思:"唐突造访的人明天果真会来吗?大概我再也不会看见他了吧?他有没有可能一下子明白过来，知道自己在进行一笔对自己毫无益处的生意……"

图24

二

第二天，访客一大早就"砰砰"地敲响了窗玻璃（图24）。

"您把该给我的钱预备好了吗？"访客问，"我可是把该给您的都送来了。"

说着访客便自包里取出了钱——是真钱，不是假币。不多不少1 000卢布。访客说道："我按约定将该给您的都给您了。您该给我的呢？"

有钱人这才拿出1戈比搁在桌子上，心里直犯嘀咕："访客真的会用1 000卢布换1戈比硬币？他该不会因反悔而讨回自己的1 000卢布吧？"访客看了看1戈比的硬币，并用手掂了掂分量，就收进了自己的衣袋。

"明天我也是这时候来。请等着我。明天您记得准备2戈比。"话一讲完，来人就离去了。

有钱人简直不敢想，居然有这么好的事发生在自己头上，天上掉下1 000卢布！他仔细数了数，1 000卢布一分不差。有钱人很高兴，这是真钱。一切都很好，没发生什么意外。他认真收好了钱，期待第二天的那1 000卢布尽快到手。

夜里，有钱人满腹狐疑："该不会是骗子设计的骗局吧？他的目的是不是弄明白我的钱放在哪里，等有机会就洗劫一空？"有钱人越想越害怕，一直透过窗户朝外张望，屏住呼吸侧耳听外面的动静，彻夜难眠。

访客第二天送钱上门，他依然敲打窗玻璃。见到访客奉上的钱，有钱人一遍遍地数，访客接过2戈比，说了句："可别忘了，明天您应给我4戈比！"就径自离去。

有钱人又兴奋起来："这么容易就弄到了第二个1 000卢布！访客不会是骗子，他不东瞧瞧西望望，也不东打听西打听，每次拿到自己要的戈比就离去了。很奇怪！世上这样的人多点儿，有智慧人的生活会更好……"

访客第三天送钱时照样是先敲窗户上的玻璃。等访客进屋后，有钱人付过4戈比后，就从访客手里接过了第三个1 000卢布。

第四天，有钱人由访客手里拿来了第四个1 000卢布，并如约支付了8戈比。

接着有钱人收到了第五天送来的1 000卢布，为此他给了访客16戈比。

第六天访客又如约送了1 000卢布上门，有钱人按约定给了他32戈比。

第七天1 000卢布送来的时候恰逢一周的末尾，有钱人付给访客64戈比。这一周有钱人为这些卢布付出的代价微乎其微，一共是1卢布27戈比（1+2+4+8+16+32+64=127）。

人的欲望是无穷的，有钱人也不例外，他痛恨自己和访客约定只交易30天，也就是说他仅能得到3万卢布。怎么才能让访客把这个交易延续下去呢，即使再送21天也行？可有钱人又一想，这么一来万一访客发现自己做的都是亏本买卖，又该如何是好（图25）？

图 25

访客依旧如约每天送1 000卢布过来。第八天访客领到了1卢布28戈比，第九天得到了2卢布56戈比，第十天按约定他拿到了5卢布12戈比，第十一天拿到的是10卢布24戈比，第十二次有钱人给了他20卢布48戈比，第十三天依约他得到了40卢布96戈比，第十四次按规定他得到了81卢布92戈比。有钱人欣然一一支付，有钱人付出了这些代价，为自己换来了14 000卢布的好处，他仅给了访客约160卢布。

三

但是没过多久，有钱人就高兴不起来了，他发现那个奇怪的访客并非智商低，两个人之间的这笔买卖也不像自己原先所想的那么划算（图26）。实际上，在交易进入第三周时，他为此支付的已经不再是戈比而是

图 26

卢布了，得到成千卢布的同时他也在成百地付出卢布，不但如此，每次自己所付出的卢布正以2倍的速度在递增。其实，当交易进行到第三周时，有钱人付出的代价分别为：

为获取第十五个1 000卢布，他付出了163卢布84戈比；

拿到第十六个1 000卢布后，他依约支付了访客327卢布68戈比；

第十七天有钱人拿到了1 000卢布，付给访客655卢布36戈比；

取得第十八个1 000卢布后，有钱人按约定付给访客1 310卢布72戈比。

后来的账让有钱人觉得不合算：为了拿到1 000卢布，他得付出比以前更多的财富。可他又没办法，因为有约在先，他只能硬着头皮等到月末。可是，有钱人并没觉得自己折了本：尽管他掏了大约2 500卢布，他获得的可是18 000卢布。

可是后来的情形似乎更加不可思议。有钱人已经发现，访客比他聪明很多，访客所得的钱会超出支出很多，但是有钱人明白得有些迟了。我把他们后来的交易情况一一告诉大家：

第十九天有钱人为拿到1 000卢布付给访客2 621卢布44戈比；

第二十天有钱人为得到1 000卢布付出的代价是5 242卢布88戈比；

第二十一天得到1 000卢布后，他付给访客10 485卢布76戈比；

第二十二天在获得1 000卢布后，他随手给了访客所要的20 971卢布52

戈比；

第二十三天访客交给有钱人1 000卢布后，从有钱人手里接过41 943卢布4戈比。

其实有钱人在第二十三次获得1 000卢布时，给访客的钱就已经超出了他整月所得到的钱！

第二十四天，有钱人为得到1 000卢布，付给访客83 886卢布8戈比；

第二十五天有钱人为得到1 000卢布，支付了16 7772卢布16戈比；

第二十六天拿到1 000卢布，他按访客的要求付了335 544卢布32戈比；

第二十七天访客给了有钱人1 000卢布，有钱人支付给访客671 088卢布64戈比；

第二十八天有钱人在获得1 000卢布后，他按照约定给了访客1 342 177卢布28戈比；

第二十九天收到1 000卢布后，按他和访客讲好的条件，有钱人给了访客2 684 354卢布56戈比；

第三十天在访客履约后，有钱人按约定付给访客5 368 709卢布12戈比。

在月末那次交易完成后，有钱人通过计算，想弄清楚他为这30 000卢布一共付出了多大代价。这一算他一下子就瘫倒在地上，他为此付出的代价可是10 737 418卢布23戈比（图27）。

图27

都快到1 100万卢布了，这个游戏最初只需自己付1戈比！即使访客每日送来1 000卢布，可是他并没有亏本（图28）。

图 28

在我讲完这个故事之前，我提议大家好好想想，看用何种方法能既简便又快捷地求出有钱人被骗走的钱财，换句话说，就是如何求得下面这些数的和：

1+2+4+8+16+32+64…

通过观察大家可能会注意到，这些数列具备下面一些特性：

2是2个1相加的结果；

4则为1与2的和再加上1；

8等于1与2求和后加4再与1求和；

16为1与2和4及8求和后再加1；

32就是1加2加4加8加16最后再加上1；

……

大家发现没有，这些计算有规律可循，都是前面那些具有某些特征的数（后面的数字是前一个数字的2倍）求和后再加上数字1。那么，我们若想求得这些算式各个结果的总和，如由1至32 768，也就是我们仅用最末的数字（即32 768）与前面那些以2倍速度递增的数之和（即32 768减1）。经过运算我们得到的最终值为65 535。

通过这个办法，我们就能获知有钱人最后一天付给访客的金额，也就可以得知他亏了多少。经过计算，我们求得他最后一天支付了5 368 709卢布12戈比。那么，我们用5 368 709卢布12戈比与5 368 709卢布11戈比相加，不就是最终的10 737 418卢布23戈比吗？

2. 流言蜚语

常言道："好事不出门，坏事传千里。"最近一些小道消息在城里传得沸沸扬扬。有些事在发生后不到120分钟，每个人都听说了那件事，大家都知道了。

它令人叹为观止的传播速度，显得有些诡异。可是，倘若以数学方法解释该现象，就不会觉得奇异或难以置信——一切事物都能以数字的方式加以阐述，无须借助于小道消息的特性来解释。

一

我以实际发生的事情为实例来具体和大家说说。一天早上8∶00，省会出现了位外乡人，此人掌握一条所有人都想知道的信息（图29）。在这位客人入住的宾馆，他把信息透露给了3位当地人。假设这个过程用时一刻钟。

这说明，早上8∶15有4个人得知该信息：外乡人与3位当地人。

图29

人们都有与他人分享信息的嗜好，外乡人和几位当地人也不例外。于是3位当地人不约而同地分别将听到的信息说给了自己熟悉的另外3个人（图30）。假定共用

图 30

时15分钟——与他人分享信息还需一段时间。这说明，此信息在传到省城仅30分钟后，得知这条信息的就多达13人（4+3×3=13）。

而且知道这件事的人远不止这些人，人人都有倾诉的欲望，得知这条信息的另外9个人又都禁不住分头将其透露给了自己认识的其他3个人，于是到了8：45，得知这条信息的人数上升为40人（13+3×9=40）。

假若此信息以如此的方式接着在省城流传，换言之，听说这件事的人也是在一刻钟的工夫里顺利将其告诉另外的3个人，这条信息就按以下的时间序列传递：

9：00得知该信息的人有121人（40+3×27=121）；

9：15就有364人知道那条信息（121+3×81=364）；

9：30就有1 093人得知这条信息（364+3×243=1 093）。

通过数学运算，大家不难看出，一条信息仅用了1小时30分钟就有近乎1 100人知晓。或许，这在有50 000人的省城并不值得大惊小怪，可能大家会觉得，不见得省城的人都会迅速得知该信息。大家先别急，我们用数学工具来算算，就知道它流传的大概情况了：

9：45有3 280人知道了这条信息（1 093+3×729=3 280）；

10：00就有9 841人得知这条信息（3 280+3×2 187=9 841）；

10：15，省城的29 524人得知这条信息（9 841+3×6 561=29 524），

也就是说又用了45分钟，省城 $\frac{1}{2}$ 的人就了解了这条信息（图31）。

图31

早晨8：00外乡人将这条信息带进省城，不到11：00几乎全城的人都知道了。

二

大家想象不到吧？以上的计算还有简易算法，由此我们便可得到下面的算式：

"1+3+3×3+3×3×3+3×3×3×3+3…"能不能如同我们之前运算

数列"1+2+4+8…"似的很快求出最终的值呢？倘若大家明白这里合起来的数字存在下面这些特性，会立刻反应过来——原来还可以像以前那么运算：

3可以写成1乘2加1；

9等于1与3之和与2相乘再加1；

27为1与3和9之和乘2再与1相加；

81是1与3和9及27之和乘2加上1；

……

总结一下：数列的各个数字都为一些具有某些规律的数字求和后与2相乘，再与1求和的结果。

很显然，倘若是求自1至某个数字构成的数列总和，就以最末的数字与它减去1后的 $\frac{1}{2}$ 相加就行了。

我们还是以实例加以说明：

1+3+9+27+81+243+729

=729+（729-1）÷2

=1 093

三

在这个故事中，得到信息的人仅将其所获得的信息告知了其他3个人。倘若省城的市民爱交际又很善于言谈的话，他们就不会把得到的信息只告诉另外3个人，而是5至10人，这么一来信息的流传速度更惊人。假若每个人每次传播给5个人，我们的运算结果就将变成如下的状况：

8：00仅一人掌握该信息；

8：15就有6人（1+5=6）知道这条信息；

8：30的时候有31人（6+5×5=31）得知了信息；

8：45时有156人（31+25×5=156）掌握了该信息；

9：00就有781人（156+125×5=781）知晓了这条消息；

9：15知道这条消息的人就是3 906人（781+625×5=3 906）了；

9：30便有19 531人（3 906+3 125×5=19 531）掌握了这条信息。

以此速度流传的话，这条消息不到9：45就会在这座有50 000人的省城人人皆知。

若是得到该信息的人把它讲给10个人听，那样一来流传的速度只会更快。于是我们就该采用下面的数列来运算了：

8：00仅外乡人知道；

8：15就有11人（1+10=11）了解这条信息了；

8：30知道消息的人就有111人（11+100=111）；

8：45可就有1 111人（111+1 000=1 111）获知了该消息；

9：00的时候11 111人（1 111+10 000=11 111）获悉了这个信息。

显然，如此运算下去的话，那么下一个数字就该是111 111了对吧？这一运算值足以证明在9：00过一点儿的时候这条消息就已经是满城皆知了。这充分说明，消息能在一个小时左右流传至省城大街小巷的每个角落（图32）。

图 32

3. 封赏

我所要给大家讲的这个故事发生在很多年前的罗马。

一

领皇帝的谕旨后，泰伦斯远征大获全胜，向皇帝献上了军队缴获的各种物资。他一到都城就恳请觐见皇帝。

皇帝满心欢喜地接见了他，而且很感激他对国家所进行的这次军事行动，承诺要给他在元老院谋一个不错的职位。

可是统帅泰伦斯对此却并不领情，他说道："我是想增加您的皇威，让您扬名天下，才不辞劳师远征，拼死夺取胜利。为了您，我无惧生死，假如我有的不是一条命而是很多条命，为了您我愿全部献出。可是陛下，长期带兵征伐让我疲惫不堪。我已年迈，我身体的各个器官都已老化，该在老祖宗传下来的宅院里休息了，请您让我享受一下天伦之乐吧。"

"我的统帅，那你想让我如何赏赐你？"皇帝问。

"陛下，请您听我一一向您道来。为您开疆拓土多年，我的热血洒满疆场，剑上也沾染上了鲜血，可是我自己一贫如洗。请陛下开恩，让我的晚年能安逸些……"

"勇士，接着讲。"

"倘若您打算给您的忠实臣子一些赏赐，"听到皇帝让他继续，泰伦斯就大着胆子说，"恳请陛下让臣平静地度完余生。我不奢望在大权在握的元老院就职，被人拥戴。我想像普通人一样安度晚年。就请陛下赏赐足以让我了却残生的财富。"

传说中，故事里的这个皇帝好敛财，对臣民很吝啬。泰伦斯的要求让这位本就不是很慷慨的皇帝非常不悦。他一直在思索着如何应对统帅。

"说吧，我给你多少财富，你才能满足？"皇帝问统帅。

"只要1 000 000第纳里（古罗马时代的银币或金币），慷慨的陛下（图33）。"

皇帝又皱起眉头考虑了半天（图34）。泰伦斯看到皇帝的神色不对，都有点儿不敢看他，只静等皇帝开恩。好半天，皇帝才开了口："善战的统帅！你是有战功的将领，你为国家和百姓建立了功勋，理应得到赏赐。我打算给你些奖赏，但在明日中午时分，你才能知道我的赏赐是什么。"

图 33

图 34

二

次日中午，泰伦斯按皇帝的要求进了宫。

"善于领兵征战的统帅，你还好吗？"皇帝问道。

统帅毕恭毕敬地站好说："尊敬的陛下，我诚惶诚恐地来听您最后的旨意。您一向宽大为怀，我在等待您承诺给我的赏赐。"

皇帝张开金口说道：

"你战功卓著，我对你格外开恩。你听好，我的库房存有5 000 000枚用铜造的布拉斯（币值较小的质地为金属的货币，1布拉斯＝$\frac{1}{5}$第纳里）（图35）。你去我的库房取一枚硬币过来，记得要将它搁在我的脚前；第二日继续，只不过拿来的是价值2布拉斯的硬币，还是搁到我脚前；第三日拿来的是价值4布拉斯的硬币；第四日就得拿价值8布拉斯的硬币；到了第五日是价值16布拉斯的硬币。你就这样依照顺序去拿，每天的硬币数都是前一天的2倍。我已下旨，日日都给你铸造差不多价值的硬币。要是你有力气拿得

图35

动它们，就随便拿。不过只能由你自己来参与这个具有挑战性的活动，你必须自己搬。若是你实在拿不动，可选择终止游戏，我们之间的约定也随即宣告失效，不过所有被你从金库移出的硬币，我都作为赏赐给你。"

统帅聆听着皇帝的话，细细品味着。他似乎看见眼前堆满了自己由国库带出来的一摞摞硬币了。

泰伦斯沉浸在幻想中，好久才回过神来，神采奕奕地回禀皇帝道："您太仁慈了！我很满意！（图36）"

图 36

三

昔日威风的统帅泰伦斯遵照皇帝谕旨，开始了为自己的晚年赢取所需的游戏——日日进入皇帝的金库，搬运重量和币值成倍增长的硬币。刚开始的时候，由于国库距皇帝平日朝见大臣的厅堂不远，加之泰伦斯军人出身，又长期征战沙场，所以进进出出搬动那些硬币简直可以说不费吹灰之力。

第一天，泰伦斯由金库领取了一枚价值为1布拉斯的硬币，其直线长度为25毫米，有5克重。

第一日、第二日、第三日、第四日、第五日乃至第六日的取硬币活动让久经战场的统帅觉得轻而易举，他每次拿出的硬币分别是1布拉斯的2倍、4倍、8倍、16倍和32倍。也就是说泰伦斯每日搬运的硬币币值和重量都在前日的基础上每日以2倍的速度在递增。

以我们现在的度量衡来推算，第七日泰伦斯搬运的硬币重320克，直线长度达8.5厘米（精确点儿计算的话应是84毫米）；以此类推，第八日自国库搬运的硬币重达640克（相当于128枚小型硬币），直线长度为10.5厘米；第九日统帅搬运至皇帝脚前的硬币直线长度是13厘米，有1.28千克重

图 37

图 38

（相当于256枚小型硬币）；第十二次运送至皇帝面前的硬币的直线长度该是27厘米，有10.25千克的重量（图37）。皇帝面带慈祥的笑容目送泰伦斯搬运愈来愈沉的硬币，为自己的谋略感到得意。他心里盘算着，尽管统帅到目前为止已搬运了12天，可是泰伦斯运出来的本属于皇帝的财富还不到2 000个铜币。

第十三日，泰伦斯从金库弄到皇帝脚前的硬币足有20.5千克（其重相当于4 096枚小型硬币），直线长度有34厘米；第十四日，泰伦斯由国库搬运的硬币更重了，有41千克，直线长度达42厘米（图38）。

"你不觉得累吗，英勇的统帅？"皇帝努力控制着自己快要露出的得意笑容，关切地问。

"谢谢陛下体恤，微臣久经沙场，都习惯了，所以一点儿也不觉得累。"泰伦斯边用手抹着脸上的汗水，边回应皇帝的问话。

第十五日的时候，泰伦斯要运送的硬币就非常非常沉了——重82千克（是用16 384枚小型硬币铸成），直线长度为53厘米。统帅移动它时连步子都快迈不开了，泰伦斯千辛万苦才把那枚硬币弄到皇帝眼前，那枚硬币让身材魁梧的勇士搬起来都很是吃力。

到了第十六日，背上的硬币压得统帅的腿直打战，它有164千克重（由32 768枚小硬币铸成），直线长度达67厘米。

统帅使出了浑身的力气，累得直喘粗气。皇帝乐得合不拢嘴。

第十七日在泰伦斯进入皇帝所在的大厅时，皇帝及众侍从哄堂大笑。泰伦斯已经没有力气将硬币抱在怀里了，只得推着它走。该硬币有328千克（相当于65 536枚小硬币的重量），直线长度达84厘米（图39）。

图 39

第十八日是泰伦斯用力气为自己换取养老费的最后的日子。这次是他最后一次光顾皇帝的金库，也是他进入迎宾厅了结和皇帝约定的日子。此次统帅搬运的硬币有656千克（和131 072枚小硬币一样重），直线长度达107厘米。泰伦斯已经没有力气可使，只好以自己作战用的长矛当杠杆，用尽了自己最后一点气力，才将硬币弄进皇帝所在的大厅。随着"轰隆"

一声巨响，硬币倒在了皇帝的跟前（图40）。

图 40

统帅被皇帝的游戏弄得身心疲倦。

"我不行了，就要这些吧。"他使尽了力气大声说，可是声音听起来像蚊子的叫声。

见自己的计谋得逞了，皇帝极力控制住自己的得意之情。皇帝下旨让金库管理人员合计统帅所搬运的硬币数量。

金库管理员算完后禀报："爱民如子的陛下，所向披靡的将军泰伦斯按您的规则可获262 143布拉斯的赏赐。"

通过计谋，惜财如命的皇帝奖励给常胜将军的财富仅是其所要求的零

头——泰伦斯想得到的是1 000 000第纳里，可他实际得到的大约是他索要

的$\frac{1}{20}$（图41）。

图 41

4. 棋盘的由来

象棋（特指国际象棋）是古代流传下来的娱乐活动。它的历史约有两
千年，正因为历史悠久，流传于坊间的关于象棋的小故事有很多，无从考
证它们的真实性。我下面要告诉大家的就是一个与象棋有关的在民间广为
流传的故事。要搞清楚这个故事与会不会下象棋无关，大家只要知道象棋
得在有64格的棋盘上玩就行了。

一

象棋的发源地是印度。就连舍拉姆皇帝刚玩象棋之际，都对玩这个游
戏所应具备的技能和变幻莫测的布局感慨不已。当他听说这项娱乐活动的
发明者是一个普通臣民后，就决定要赏赐这个人。

象棋的发明者塞塔被召唤到皇帝跟前，他以教书育人为生，不怎么讲
究衣着，但知识渊博。

"你发现并大力推广的游戏有益于提升大家的智力，也非常有意思，
所以我有意奖赏你，我的学者塞塔。"

发明家向皇帝行了一个礼。

　　"我的国库很殷实，你想要什么我都会成全你。你尽管讲你想要的赏赐，我会满足你的心愿的（图42）。"

图 42

　　发明家一言不发。

　　"别不好意思，"皇帝安慰道，"你不妨直言相告，我会慷慨地赐给你想要的东西。"

　　"仁慈的陛下，请您允许我想想。我得好好思考一番才能告诉您，明日我会说出我的需要。"

　　皇帝应允了。

　　思考了一夜，天亮后发明家依约赶到了皇宫，他微不足道的请求让皇帝震惊不已。

　　"请您下旨，在棋盘上的第一格给我放一粒小麦。"

"就只要一粒小麦？"皇帝不解地问。

"正是，慷慨的陛下。请您下旨，在第二格摆2粒小麦，第三格放4粒小麦，第四格搁8粒，第五格16粒，第六格32粒……"

"行了！"皇帝非常生气，怒气冲冲地阻止发明家继续说下去（图43），"我会奖赏你想要的微不足道的小麦的，可是你的要求与我期望给你的赏赐太不匹配。你期望得到的奖赏与我的身份、地位及财富相去甚远，你无视我的威严，轻视我的仁爱。你是一位教师，理应懂得怎么对待君王及他爱民如子的情怀，你应该在众人面前率先垂范。你可以走了。我会下旨让仆人将你要的麦子给你的。"

图 43

发明家满足地笑了，走出大厅，径直到皇宫前的门口候着自己的赏赐。

二

用午膳的时候，皇帝记起了发明了象棋的塞塔，便派人去查看那位过于草率的发明家有没有领走奖赏。

"仁慈的皇帝，大家正在遵您的谕旨行事。宫里的所有数学家都在算您答应给发明家的小麦数目。"

皇帝面露不悦之色。他受不了仆人们不把自己的命令当回事，拖拖拉拉。

夜里临睡前，国王又想起了赏赐发明家小麦的事，便又一次过问发明家是否已带着自己的奖赏离去。

"日理万机的陛下，您所厚爱的数学家们还在废寝忘食地计算应给发明家的麦子的数目，他们都想尽办法以期在日出后获得确切的结果。"跟随皇帝的仆人回禀道。

"就这么点儿事，这么长时间还处理不好？"皇帝怒不可遏，吼道，

图44

"天亮前，在我睡醒的时候，就一定得把小麦给发明家。我不想为这件事再下旨！"

皇帝起床后，仆人禀报，宫里的首席数学家有要事请示。皇帝命其进宫（图44）。

"我想知道，"还没等首席数学家说话，皇帝就急切地说，"那个塞塔要的微不足道的赏赐给了没有？"

"微臣正为此事才鼓起勇气觐见您。"德高望重的数学家回禀皇帝，"经宫里所有的数学家昼夜反复计算，认真核实，那个塞塔所要的小麦数量实在是太惊人了……"

"不管有多少，"国王不等全国最聪明的数学家讲完，便说，"国库有的是粮食。我答应了赏赐他，你们就赶紧给他吧……"

"您的大度和慷慨令微臣敬佩，可是吾皇您无法办到呀！拿出您所有的粮食也无法满足塞塔的要求，王国所有的粮食也不足以给塞塔，整个地球上的粮食都不够给塞塔。倘若您还执意兑现所承诺的奖赏，那您只有下旨让全国的人开荒种小麦，甚至填海造田，连常年积雪不化的北方也得千方百计融雪开垦种小麦。然后您再下旨，把所有收获的小麦送给发明家，唯有如此方可兑现自己的诺言。"

首席数学家的一番话惊得皇帝半晌说不出话来。

"你们算出的数字非常庞大？那好，你说给我听听吧。"皇帝半信半疑地说道。

"18 446 744 073 709 551 615粒小麦（图45）。"

图45

三

流传于民间的故事就是这样的。至于是否真的发生过这样的事我们不得而知，可是故事中皇帝愿意赏赐的小麦数量确实是这么多。小伙伴可以自己用心算算，从数字1起，以此加1、2、4、8…也就是对2求63次平方，求出的最终值便是皇帝答应付给发明家的奖赏。以此书的计算方法，是拿最后一个数与2相乘后与1求差，如此便可知道所应付给发明家的小麦数目。换句话说，就是要运算2与2相乘63次的值，即：

$$2×2×2×2×2…（2 与 2 相乘 63 次）$$

为了使运算变得容易些，大家可将需相乘的64个2依照每组10个的标准，分为6组，其余的一组4个2。如此一来，我们很容易便可求出10个2连乘的结果为1024，4个2连乘为16。这意味着，我们运算的最后值为：

$$1\,024 × 1\,024 × 1\,024 × 1\,024 × 1\,024 × 1\,024 × 16$$

通过计算，1 024×1 024为1 048 576。于是运算式便可以写成如下的形式：

$$1\,048\,576 × 1\,048\,576 × 1\,048\,576 × 16$$

计算出最终值后减1——就会得到与前面所求相同的小麦数目，即：

$$18\,446\,744\,073\,709\,551\,615$$

倘若大家有兴趣联想小麦的数目到底如何惊人，不妨通过求储存它的库房的面积来了解。已知一立方米储藏的小麦数目为1 500万粒。那么，通

图46

过我们的推算，发明家应得的小麦所需占用的库房面积为12 000立方千米（也就是12 000 000 000 000立方米）。

如果将库房的高设为4米，宽是10米，推演下去的话库房的长应为300 000 000千米——换言之，太阳和地球间的距离仅为库房长度的$\frac{1}{2}$（库房长为太阳和地球间距的2倍）（图46）。

四

很明显，印度的皇帝即使再慷慨也兑现不了自己的承诺。不过他要是够聪明的话可以找个免责的办法，他可以提出让发明家亲自清点一下他自己所要求的小麦数量。

若是发明家要清点奖赏给他的小麦数目，他就得昼夜不歇地工作，就算他以1粒/秒的速度数，一夜的工夫他最多数出86 400粒小麦（也就是$\frac{1}{4}$俄斗，俄斗是俄国旧的度量衡，也是体积的单位。1俄斗=26.239升）。发明家10天10夜不停地清点才能数出100万粒小麦。1立方米小麦他得数上180多天，就算他夜以继日地清点上10个年头，经他手清点的小麦都不足100俄担（俄国旧的度量衡单位即体积单位。1俄担=8俄斗）。通过以上的计算，大家应该可以看出，就算发明家一直忙着数自己所要的小麦，那么，即使他数到自己生命的尽头，他所清点的小麦数目也只不过是他应得的微乎其微的那部分（图47）。

图47

5. 生长周期短

熟透了的罂粟中含有许多种子。这些种子都可成为一株新生罂粟，如果这些种子都长出嫩芽，会有多少株罂粟出现呢？人们为获取正确的答案，就亲自数起了罂粟果实内的可作为种子的数目，看起来枯燥乏味，可是运算结果非常有趣，于是我们很有必要拿出自己的耐力探究下去。结果令人惊讶，一个罂粟果实内有3 000颗种子（图48）。

图 48

这是一个什么概念？一株罂粟周围若存在适合罂粟繁殖的土壤的话，那么罂粟果实内的每一粒种子飞落到泥土里都会生根发芽，于是乎，到了第二年，就会新生出3 000棵罂粟。换句话来说，一枚罂粟果实就可轻轻松松繁衍出一大片罂粟！

这还不是最惊人的状况，大家继续往下看。那3 000株罂粟就算一棵仅结一枚果实（这是不可能的，一般情况下每棵最少能结几枚果实），再假设每个果实只有3 000颗种子，那么，新一年的罂粟数量就是：

$$9 \times 10^6 \ (3\,000 \times 3\,000)$$

三年后，一枚罂粟果实所繁衍出的新罂粟数量为2.7×10^{10}棵（即$9 \times 10^6 \times 3 \times 10^3$）。

四年以后罂粟的数目就可达到8.1×10^{13}（$2.7 \times 10^{10} \times 3 \times 10^3$）棵。

以这样的速度繁殖下去的话，那么5年后整个地球表面都会被罂粟所覆盖，此时罂粟的数目会是2.43×10^{17}（即$8.1 \times 10^{13} \times 3 \times 10^3$）棵，而我们所在的地球的整个陆地和岛屿的面积总和才是1.35×10^{14}平方米。

假设罂粟果实内的种子全部成活，5年内就可长满地球上的岛屿及陆地，到那时，地球上每一平方米的土地上就生长着2 000棵罂粟。

倘若我们不以罂粟为例，而是以另外一种果实很少的植物为例的话，结局是一样的，只是它长满全地球的时间稍长一些而已（超过5年）。现在来研究一下蒲公英。我们以一棵蒲公英一年收获100颗种子为基数来计算，我们设定这100颗种子全能孕育出新的生命，于是蒲公英繁衍后代的数量可见如下的具体运算：

1个365天——1株；

2个365天——100株；

3个365天——10×10^3株；

4个365天——10×10^5株；

5个365天——10×10^7株；

6个365天——10×10^9株；

7个365天——10×10^{11}株；

8个365天——10×10^{13}株；

9个365天——10×10^{15}株。

通过上面的计算，我们发现9年后地球上1平方米的地方就会长有70株蒲公英，我们所生活的地球家园将满是蒲公英（图49）。

然而我们在实际的生活当中并未发现哪种植物会繁衍得如此之快，这是为什么？难道是我们的运算有问题？不，在日常生活中，植物繁殖能力没有这么强，是因为大量的种子要么并未破土而出，要么生出了嫩芽，却被其他物种终止了它们的苗长成长，要么就是让地球上的动物给吃掉了。如果不是植物的种子和幼苗有很大一部分被破坏掉了，那么任何植物都能长满我们赖以生存的地球。

除了植物，动物的繁殖能力也很惊人。倘若动物在繁殖过程中不出现意外情况的话，那么任何一种动物的后代都能占据地球。不止地面，空中也会被蝗虫侵占。倘若不是一些意外的亡故降低了动物繁衍的成功率，我们可以想象一下后来的情形。二三十年内，地球上的所

图49

有空间将会被树木和草所遮蔽，抬脚就是动物，所有的生物都会为生存而战（图50）。海里全是鱼，船舶无法通行（图51）。空中充斥着鸟类与昆虫，一睁眼看到的不是小鸟就是各种各样的虫子，视线全被这些东西遮挡住了，我们的眼前不再是光明（图52）……

图 50

图 51

图 52

不信，我们一起来看看苍蝇繁衍后代的本事吧：

假设一只雌性苍蝇产120个卵，在炎热的夏日里繁衍7代。假如它是在4月15日第一次产卵，而每一个卵都会很快成为成虫并开始繁殖后代。于是苍蝇繁衍后代的能力就如同下面所描述的状况：

进入温暖的初夏（4月15日）：一只雌性苍蝇诞下120个卵；

进入夏天的第二个月（5月初）：那120个卵长成120只苍蝇，假定有60只是雌性苍蝇；

过了5日（5月5日）：每只雌性苍蝇均产120个卵；

5月15日前后：共有7 200只（60×120）成年苍蝇，雌性苍蝇达3 600只；

到了5月末（大约在5月25日前后）：那3 600只雌性苍蝇，每只产出120个卵；

到了6月份：就有成年苍蝇432 000只了，不信那你算算，3 600乘以120是多少呀？雌性苍蝇就有216 000只呢；

进入6月中旬（6月14日）：216 000只雌性苍蝇个个都能产下120个卵；

到了月末（6月25日前后）：就有25 920 000只苍蝇在这个地球上飞舞觅食，雌性苍蝇就达到了12 960 000只；

7月（7月5日）：12 960 000只雌性苍蝇个个生出了120个小宝宝；

到了7月中旬（7月14日）：新生的苍蝇就达到1 555 200 000只，仅雌性苍蝇就多达777 600 000只；

转眼到了7月底（7月25日）：新出生的苍蝇多达93 312 000 000只，繁衍后代的雌性苍蝇突增至46 656 000 000只；

8月中旬（8月13日）：新生的苍蝇有5 598 720 000 000只，能诞生苍蝇宝宝的雌性苍蝇多达2 799 360 000 000只；

秋季凉风送爽，可是我们来看看苍蝇的数量，心情可就不爽了：335 923 200 000 000只苍蝇充斥于我们的生活，到处传播病菌。

为了便于大家观看，让大家展开自己联想的翅膀，我们就想象着那些苍蝇顺着一条直线停在一起。假定一只苍蝇有7毫米长，那么所有苍蝇连在一起的长度可达2.5×10^9千米——地球到太阳的距离仅为其$\frac{1}{17}$（居然和天王星到地球的间距接近）（图53）——这就是苍蝇在没有外界条件干预的情况下繁衍出的后代数目。

图53

6. 不用埋单的午饭

一

读完中学了，有10个中学生盘算着找个餐馆一起祝贺一下。待众人都到了之后，侍者送上了第一盘菜，就在此时，中学生们却为座位的事吵闹起来。有人觉得大家应该按名字的拼读次序入座，也有些人觉得应该按年龄排序依次落座，还有人觉得应该按成绩依序就座，其余的人觉得应该按身高依次坐下……一帮刚走出中学校门的人就为这件事僵持着，直到汤都不冒热气了，还没有一个人入座用餐（图54）。

图 54

侍者上前开导了一番，才使众人的矛盾化为乌有："中学生朋友们，请大家先安静下来。大家坐在靠近自己的座位上听我讲几句好吗？"

大家随便找了位子一一落座。侍者接着说道："就请你们中的一个人熟记大家的座次。欢迎你们明日再来用餐，座位另有安排，后天可依别的座次落座，按照这个办法一直顺延，一直到大家换完所有的入座方式。如果哪天又轮回坐今天的座次，我请诸位免费吃我们这里最好吃的午饭！"

侍者的提议得到大家一致的赞同，他们就依照他的建议每日到此处用餐，并不停地变换落座方式，企盼免费用餐的日子快快到来。

可是，他们左等右盼就是吃不到免费的午餐。这不是侍者食言，而是变换座次的方法多得难以想象。他们算了算，座次的排列种类居然有36 288 00种之多。

由此他们很快就推算出，按他们这种方式变换座次，要换回第一次的落座次序得用9 942年。也就是说将近10 000年才有可能吃上侍者许诺的那顿免费的午饭，时间确实太长了。

二

难道你不信10个人有那么多种落座方法？那我们一起来求证一下。可是我们还需弄明白，如何实现座次的变换。我们找个简便的办法，大家来看看以下3个物品的摆放次序。我们就命名它们为A、B、C（图55）。

图 55

我们首要的问题是如何互换它们的位次。我们首先来推演一遍：假若不考虑C的话，那么余下的2件物品的位置就有如图56中的2种：

图 56

接下来，我们要将C置入这两组队列。那么共有3种摆放方法：

（1）让C位于各列之末；

（2）让C位于各列之首；

（3）让C位于另外2件物品中间。

很明显，抛开这三种排列方式，对物品C而言就没有另外的排列方式了。从图中大家不难发现总共2种排列方法——AC及CA，也就是说此3种物品的排列方式为6种（2×3）（图57）。我们来看图就可知这些排列方式分别是什么。

图57

大家接着往下看，下面我们来求解4件物品的排列方式。我们假设现在有4件物品，我们分别称其为A、B、C、D。与上面一样我们把它们中的某个，比如D先搁到一边，我们来推导A、B、C三者间所可能有的摆放方法。由前我们获知，此三件物品的排放方法有6种。那到底可以采取几种方式把D搁进那6种摆放方式中？明显地，共有4种办法对不对？

一是在各列物品后摆上D；

二是在各列最前面摆放D；

三是在A、B之间放上D；

四是在B、C之间放上D。

那么，大家就会知道总共有24种排列法（6×4）。

由于6等于2与3相乘，2又等于1乘以2，于是该结果若是用乘法表示的话便为：1×2×3×4=24。

采用相同的办法我们便可推算出，若摆放的物品有5类，所可能的排法便为：1×2×3×4×5=120。

我们继续推演一下6件物品的排列方式：1×2×3×4×5×6=720。

大家可以依序逐次进行下去。

到这里我们就先告一段落，回到10位用餐者变换座次的事件（图58）。我们具体来看看会是什么样子。

图58

若是大家能成功求得下面式子的值，也就会知道一共有多少种座次变换方式：1×2×3×4×5×6×7×8×9×10。

计算结果跟前边的结果一致，都是3 628 800。

三

假若那10位中学生用餐者内有5位女生，她们又想与男生交替就座，那么一来运算就要麻烦一些。尽管在此情景下，落座的方式会变得少一些，可是却增大了运算的难度。倘若我们假定有1名男生见到座位便入座。其余的4名男生，若在两位男生间空一个座位给女生，这样一来可能有的就座方式便是1×2×3×4，即24种。总共就10张凳子，那么首先落座的男生就有10种就座方式。我们推算下来，男生们可采用的就座方式就有240种（10×24）。女生的落座方式有几种呢？答案是120种（1×2×3×4×5）。如果把男生所有的座次变换方式与女生的可采用的座次方式相乘，便可得到总的可采用的座次方式有28 800种（240×120）。

这么求得的结果较之我们前面运算的值是不是小了不少，可是就按这样的方式变换座次也得用79年的工夫——除非这10位学生都能活到100岁，否则他们就享受不到他们梦寐以求的那顿美味的免费午餐——那位承诺请他们免费用餐的服务员也许都不在了，只能由后继者为他们服务了（图59）。

图59

7. 不撒谎的孩子

有个小贩带着几包干果去集市出售。他到达集市后，就从自己赶来的马车上取下了干果，他送回马匹后，猛然记起自己还得去别的地方，可能需要耽误的工夫会很长。他思量着得找个人先帮自己看着点儿，要不然自己的干果就可能出事儿。"找哪个人呢？什么样的人要的工钱会少点儿呢？"小贩反复考虑着这件事。

不经意间他瞅见了流浪儿童斯捷普卡，他天天都会在集市上寻活计，比如帮别人推个车，帮人码齐蔬菜，帮别人清扫等——一天忙下来他就不至于饿肚子。小男孩老实本分又透着几分灵气，集市里的人都乐意找他帮忙干些零活儿。

"过来，小斯捷普卡，你在这儿帮我盯一会儿好吗？"小贩问道。

"得多久？"

"我现在说不好，得看事情忙不忙，办得如何。不过你放心，我会付钱给你的。"

"那你到底会给我多少钱？"

"你说个价吧。"小贩怕付多了，就小心翼翼地让小流浪者说工钱。

小斯捷普卡思索了一会儿，说道："如果看一个小时的话，你就给一颗干果好了。"

"好。那若是看2小时呢？"

"那就给2颗干果。"

"说定了。那要是你帮我看3小时呢？"

"另外给4颗干果，若你3小时没办完事，4小时后你就要给我8颗干果，若你5个小时后才办完事——16颗干果，若是6个小时……"

"好了，我明白了，"小贩阻止小斯捷普卡继续说下去，"你不用再讲了。我就按后一个小时给你的干果为前一小时的2倍给你干果。我没意见。只是我没回来，你不许擅自离开。"

小贩交代完离开了，寻觅到如此的廉价劳动力让他满心欢喜：就是要小男孩看上一天摊子，仅需给他满把干果而已。

天黑之前小贩就办完了事情，他完全可以回到集市的，可他并不着急回集市。"晚上也不会有什么赚大钱的生意，那几包干果不是有小流浪汉看管吗？他为了自己的那把干果不会瞎跑的。无非就是再加些干果而已。"小贩想来想去，就回家歇着了。

小流浪者一直不敢怠慢，小心地看着干果，雇主没及时返回，他也没有觉得难过。天黑了，集市上的商户都收起了行李物品回家了。斯捷普卡信守着自己的诺言：他在那几包干果旁席地而卧，嘴角挂着一丝甜甜的微笑。

天亮后小贩不慌不忙地来到了集市，只看见斯捷普卡将自己的干果往一辆车上放。

"住手！你这个坏小子，你要将我的货物拿走？"

"它们以前的确是您的，可是现在易主了。"小流浪汉心平气和地辩驳道，"你记不得我们的协议了吗？"

"你还好意思说协议？协议规定你帮我看货物，没说让你将我的货物据为己有。"

"这些东西是我为你看守货物应得的报酬，怎么能说是你的？"

"你就帮我看了24小时干果，怎么偏说全部的干果都是你的呢？你拿走你该得的，把属于我的那部分给我卸下。"

"我没多要，我只拿了属于我的这些。这些还不够我的酬劳，你还应该再给我一些钱。"

"我还欠你的钱？你可真能瞎扯！那你说我欠你多钱？"

"怎么说呢，现在我得到的仅是我该得的 $\dfrac{1}{1000}$ 而已。你别不信，我们一起来计算一下好吗？"

"我就雇你一天，这点账还用算吗？小兄弟，你大概不会算账吧？"

大家来瞧瞧到底他们俩谁算不清账？我们一起去瞅瞅。

其实是小贩没有算对，而斯捷普卡算得又快又准。

斯捷普卡帮小贩看60分钟的报酬是一颗干果，对吧？那么第2个60

分钟——2颗；第3个60分钟——4颗；第4个60分钟——8颗；第5个60分钟——16颗；第6个60分钟——32颗；第7个60分钟——64颗；第8个60分钟——128颗；第9个60分钟——256颗；第10个60分钟——512颗。

这看起来好像不至于让小贩赔本：那些干果合起来也不过1 000颗左右。可是要往下算，你就会知道后果多严重：

第11个60分钟斯捷普卡应得到的酬劳是1 024颗干果；第12个60分钟——2 048颗；第13个60分钟——4 096颗；第14个60分钟——8 192颗；第15个60分钟——16 384颗。计算结果愈来愈大了吧？这真不可思议，我们继续瞧下去。

第16个60分钟——32 768颗；第17个60分钟——65 536颗；第18个60分钟——131 072颗；第19个60分钟——262 144颗；第20个60分钟——524 288颗。

以上的这些干果总共都有1 000 000以上了。可这些还不够一宿的酬劳呢——4个60分钟的劳动报酬还没算进去。

第21个60分钟——1 048 576颗；第22个60分钟——2 097 152颗；第23个60分钟——4 194 304颗；第24个60分钟——8 388 608颗。

倘若我们将斯捷普卡一天一夜应得的酬劳合起来的话，那么干果的数目就该是16 777 215颗。这就是斯捷普卡所说的小贩所欠他的干果数量。

第三章

不是不可能

1. 剪刀和纸

我看见一些使用过的明信片和一堆自墙纸上裁下的纸条静静地躺在刚装修过的房间一角。用那些破玩意生火吧——我脑子里这么想着。可是，那些看似没什么用处的废纸，居然可以用来娱乐。我的兄长就利用这些废料进行了些好玩的智力游戏。

游戏从纸条开始。他送给我一张相当于3只手掌大小的纸，并告诉我："拿裁纸刀等工具将它分成3等份。"

谁知我刚想行动起来，却被兄长叫住了："别急，等我把话说完好吗？记住只能动一刀，就要让其变成3段。"

这也太难了吧？我尝试着用种种方法裁剪，但心里愈来愈明白，兄长让我完成的是一项异常艰难的任务。最终我想清楚了，这就是一项不可能完成的任务。

"你在拿我开涮，这怎么可能？"我振振有词。

"你用心想想吧，这是完全可以做到的，我觉得你可以完成。"

"我仔细考虑过了，这是一道无解的题。"

图60

"我看你是没认真想，我给你做做看。"

兄长接过我手里的道具和纸，将纸条折叠后裁开了（图60）。他展开来让我瞧，正好是3段。

"是不是可以做到。"

"当然瞧见了，但是纸条折叠起来了。"

"我没规定不可折叠呀。"

"当然了，你也没告诉我能对折纸呀！"

"我没说不等于不行。你就承认你自己不动脑子吧！"

"那就再试一次吧，我被你忽悠了。"

"刚好我这儿还剩一张纸条，你就让它侧站到桌面上吧！"

"侧站……"我紧张地思索着，恍然大悟，纸条是能对折的，就这么着，我把纸条对折出一定角度，这下纸条当然就能侧着身挺立在桌面上了（图61）。

图61

"你不也能做到吗？"兄长夸奖道。

"继续！"

"行！你瞧，我将那几张纸条粘连起来就成环状了（图62）。你找一根一头为红色一头为蓝色的铅笔，顺着环状纸的外侧画一条蓝线，而顺着其内侧画一条红线。"

图62

"接下来呢？"

"到这里游戏就告一段落了。"

这也太容易了吧？但就是这道看似颇为简单的题目，硬是成了我前进路上的拦路虎。在我连接好蓝线的两端后，打算绘制红线时却惊呆了——环状纸的两边都有蓝线。

"从头再来，我粗心大意弄错了。"我不甘心地说道。

可是我沉浸于自己的游戏中，浑然不知我究竟是怎么又在环状纸的两旁画出同一条线的。

"真闹心！我又搞错了。再给我一次机会好吗？"

"接着来，我成全你。"

朋友们，猜猜结果如何？在又一次重来后，我痛苦地看到环状纸的两侧又都是蓝色线！

"这么容易的事，你都办不成！"兄长笑着说道，"你好好瞧着，我立马就能完成。"

他顺势取了张环状纸，很轻松地在环状纸的内外侧分别画上了红线和蓝线。

我不服气，再次取来环状纸，小心翼翼地顺着环纸的一边画线，千小心万小心就怕又把线同时画到环状纸的两侧，然而我又一次失败了：环状纸两边又被我画上了同样的线条！我郁闷极了，看了兄长一眼，他脸上那种不怀好意的笑容让我意识到这件事情有问题。

"嗨，你如何做到的……这里面该不会有什么猫腻吧？"我不无怀疑地喊道。

"环状纸被我施了魔法，现在它很特别。现在用这些环状纸玩些新花样吧，比方说将这样的环状纸制作成2张更细的环状纸。"

"那有什么难的！"

我急不可耐地裁剪好环状纸，欲将自己的两个得意之作——两张更细的环状纸展示给兄长看时，才看到并没有2张更窄的环状纸，只有一张更长的环状纸！

"嘿，这就是你制作的2张环状纸吗？"兄长戏谑地笑问道。

"你能再给我一个机会吗？我要继续剪。"

"你只会重复上次的结果。"

接下来我如愿制作出了2张环状纸，可是它们却紧密地缠绕在一起，无法分离（图63）。我都有点相信兄长的话了，莫非这些环状纸真被兄长做过特殊处理？

"魔法奥秘就在于将纸条连起来前把纸条的一头拧一圈（图64）。"

图63   图64

"这就是你所说"魔法的奥秘'？"

"你自己想一下，我就是在很平常的环状纸上画线条的。倘若不是我将环状纸拧1圈，而是搓上2圈，结局恐怕更让人意外。"

兄长亲自当着我的面加工出了那样的环状纸递给我。

"你剪一下，看看会是什么样？"兄长要求道。

我照着兄长的要求做了，果真出现了2张互相套在一起的环状纸，非常有趣。

后面我继续加工了3张环状纸，但我却将它们裁剪成了3张不可拆的环状纸。

"若题目要求你把这4张环状纸连接起来，你觉得应该如何做呢？"兄长提问道。

"喔，那不是很容易的吗？不就是把每双环状纸中的一张剪断，用它将其他环状纸套起来，末了用胶水粘好不就结了吗？"

"听你的话，是打算将3张环状纸剪断？"

"就是。"我信心满满地答道。

"少于3张环状纸就行不通了？"

"没搞错吧？你忘了吗，我们有4张环状纸，你若只将其中的2张环状纸剪断，又如何能将其他的套起来呢？真是异想天开。"

兄长没说话，走过来从我手里接过剪刀，把2张环状纸"咔嚓"一声剪断，接着用断的环状纸将其他的穿起来，一下子就做出了由8张环状纸组成的一串纸环。这个游戏在兄长手里变得那么容易！

"呵呵，纸环魔术已经表演了很多次。你手里还有那么多明信片，不如我们一起来看怎么用明信片玩魔术吧。比方说，你看看能不能在你刚摸过的那张明信片上制作一个最大的洞？"

我听从兄长的建议，比画一番后，终于在那张明信片上裁剪出一个呈四边形的洞，只留了很窄的边缘（图65）。

图 65

"这是这张明信片所能制造出来的最大的洞，已经加工不出比这更加大的洞了！"我举起自己的得意之作让兄长看。

可是兄长却不以为然，还向我泼起了冷水。

"噢，这么小的洞，只能伸只胳膊进去。"

"难道你要让你的脑袋过去吗？"我嘲讽道。

"我期盼我能从你制造的洞钻过去，你能加工出那样的洞才说明你有两下子。"

"嘀！你的意思是让我用明信片制作出比明信片还要大的洞？"

"就是这个意思。不过，是加工出比明信片大出数倍的洞。"

"这下看你还有什么魔法可施，无法办到的事情你偏要逞能……"

转眼间我的兄长就行动起来了。我不由自主地盯着他的一举一动。

他折叠起了明信片，用铅笔在明信片两个长边分别画了线（图66）。接着就以A为起点裁剪起来，直至裁剪到上面的线上，然后又朝下裁剪，直至裁到下面的那道线，他一直就这么忽上忽下地裁着，直至裁到终点B。之后，他去掉了A缺口至B缺口间的那些边沿（图67）。末了他抻开自己的作品，长长的环状纸就出现在眼前了（图68）。

图 66   图 67

图 68

"我制作完了。"兄长宣称。

"可是你的大大的洞在哪儿呢？我怎么没看到？"

"那就好好瞧瞧！"

兄长将环状纸完全抻开了，并用两手拎得高高地展示给我看，呈现在我们面前的是一个大大的链状纸环，兄长还将自己的得意之作往我脖子上放（图69），纸链环滑落到地上了。

"我不给你做出了能钻过人的洞了吗？你应该可以从那个洞进出吧？你说呢？"

"可以让两个人同时钻过去！"我惊呼道。

图 69

兄长结束了用纸条和明信片做的游戏，宣称要带我玩一些新的游戏——玩具不再是纸，而是硬币（图70）。

图70

2. 用硬币做的一些游戏

"昨天你说要教我一些以硬币为主的魔术。"吃早点时，我有意说给我的兄长听。

"一大早就玩魔术？好，那你找个空碗。"

我拿来了碗，兄长向里面掷入一枚硬币（图71）。

图71

"你瞧瞧碗里，记住别挪动，更别将身子往前探。看得见硬币吗？"

"看得见。"

兄长将那个碗移动了一点点。

"还看得见吗？"

"只能看见硬币的边缘了。"

"坐好别乱晃。瞧好了，我向碗里加水。现在硬币发生了什么变化？"

"我又完整地看到它了（图72）！为何我觉得它和碗底的位置向上移了呢？"

图 72

我的兄长用绘图的笔绘制出了盛有硬币的那只碗。看完图，我突然反应过来。硬币在碗底的时候，它散发出的光束中的任意一道都进入不了我的视线，因为光是直线传播的，碗壁又正好挡在我的眼睛与硬币中间。但是一旦碗里有了水，状况就大不相同了：在光束离开水面进入空气的当口，它的运行轨迹发生了改变——也就是说光束改了道（用专业术语讲叫折射），顺着碗沿进入我的视线内。在一般人的意识里只记得"光走直线"这个常识，于是便一厢情愿地以为硬币的位置升高了。简而言之，我们一般是由光束转弯后的位置朝它发生折射前的位置看过去的。于是我们便会在潜意识里认为碗底也会随硬币位置的变动而发生改变。

"这个游戏也适用于你游泳时，"兄长接着讲，"你游到水位比较低

的地方时，所见的水底一般都高过真实的水底，关于
这点你到什么时候都不要忘记。水底升高的距离大约
是真实深度的四分之一。比方说，真实的水深是1米，
可是我们人类却认为它只有75厘米。这也是有些爱玩
水的孩子们在游泳时遭遇不幸的缘由：他们在对水深
的判断出现了差错（图73）。

图 73

"我以前观察到，我们划着小船在水不深的地方玩时，有种深水区
就在船的下方的想法，似乎方圆之外的水都没有船下的水深。而在我们将
船划到别的地方后，似乎此时船底的水又是最深的，感觉船周围的水位很
低，就好像船还在深水区。这是什么原因呢？

"其实这个缘由对我们大家来讲很好懂。人们自水面正上方看到的光
线是垂直的，方向改变很小甚至没有改变，也就是说这个地方相比其他地
方光线转弯的角度小一些。这就是自己看到的正下方水深改变幅度比别处
小的原因。于是，人们就觉着水深的地方正对着船底，但实质上所有水域
基本都是一样深的……好了，眼下我出个题目：请将11枚硬币搁进10个盘
子里，要求一个盘子里只允许放一枚硬币。"

"它是物理实验题目吗？"

"当然不是，只是道心理测试题。开始吧。"

"把那11枚硬币扔进10只盘子，而且一个盘子只允许放一枚硬币……这
哪里行啊？我做不出来。"我还没行动就承认自己不行。

"先别说不行，没试怎么就知道自己不行？你开始吧，我会帮助你

的。首先把第一枚硬币放进一号盘子，并把第十一枚硬币也放进去。"

我在兄长的指挥下，同时在一号盘子里放了2枚硬币，我困惑不已，而且不清楚后面还会发生些什么事。

"放好这两枚之后，把第三枚硬币放进二号盘子，把第四枚硬币放进三号盘子，把第五枚硬币放进四号盘子……依序进行下去。"

我听从兄长的话一一做着，在我将硬币搁到九号盘子内之后，却猛然看见，还空着一只盘子——十号盘子内一枚硬币也没有。

"下面咱们就将投进一号盘子里面的第十一枚硬币取出来搁进空盘子里好了。"

说着，兄长顺手就拿出搁在一号盘子的那枚硬币投进了空盘子。

我发现11枚硬币都静静地躺在10个盘子里，更奇的是每只盘子里不多不少正好只有一枚硬币。这种情况真让人难以想象。

很快兄长一言不发地捡起了所有硬币，似乎没打算告诉我这其中的奥秘。

"自己想想吧，这恐怕比我直接告诉你更有意义。"

他不顾我的反对，又给我出了新的题目："现在给你6枚硬币，你把它们以竖着排成3列，每列只允许有3枚硬币。"

"那得有9枚硬币。"我反驳道。

"用9枚硬币谁不会？就给你6枚，就是让你用6枚硬币排列。"

"该不会是在拿我开涮吧？"

"你就会没上阵自己先把自己打败！瞧好吧，就是这么容易！把你吓成了那样。"

话音刚落，我的兄长就按图74和图75的办法摆好了所有硬币。

"是不是每列三枚硬币，共排了三列呀？"兄长反问道。

"但是它们有个共同的交叉点，这样也行？"

"相交怎么了？我没要求不准相交是不是？"

"若是我知道允许出现交叉点的话，没准我自己也能排列出来呢。"

"成，你考虑一下这道题其他的解法吧。不过不是现在，等你有空闲了再说。当下你来解答三道同类型的题：其一，一列3枚，把9枚硬币摆成

图 74

图 75

10列；其二，一列4枚，把10枚硬币摆放5列；其三，我绘制一幅图，而这张图是由36个小正方形构成的大正方形（图76），要求你将18枚硬币投进小正方形之内，记住我的要求，每个小正方形都仅允许投掷一枚硬币，最后的结果要是各行和各列都是3枚硬币……在你解答完这道题后，我会用硬币表演一个节目犒赏你的。"

说完后，我的兄长就在一边放了3个盘子，并在首个盘子里放了一摞硬币：最底下的是面值为1卢布的硬币，接下来依次是50戈比、20戈比的硬币，后面就是15戈比的与10戈比的硬币。

图 76

"要求以如下的法则把那些硬币移动到顺次排列的盘三内：法则一，一次仅挪动一枚硬币；法则二，不可把币值大些的搁在面值小的硬币之上；法则三，可先依照前两项法则将硬币移入盘二中，最后再把所有硬币按照其在盘一中的次序转移进盘三之中（图77）。你不是都听见了吗？我规定的法则并不繁复。你就拿出你的聪明劲儿一展身手吧。"

于是我赶忙进入状态开始搬移硬币：我先将面值为10戈比的硬币挪入盘三，盘二被我投入了面值是15戈比的硬币，然而接下来我就不知怎么办了，我的思维似乎短路了。我该将面值为20戈比的硬币搁置在什么地方呢？它可是要比面值为15戈比和10戈比的硬币面额都要大呀。

"怎么了？"兄长见我不知所措，上前说道："你可将10戈比的硬币投放到15戈比的上面，然后把20戈比放到盘三。"

图 77

我依照兄长的指点完成了前面的游戏，不曾想没多久又卡壳了。我不知道该把面值为50戈比的硬币投进哪只盘子，不过我的大脑很快就告诉我该怎么做了：第一步把面值为10戈比的硬币移进了盘一，继而把面值为15戈比的硬币放进了盘三，接着把面额为10戈比的硬币也放到了盘三。这下我就可以把面额为50戈比的硬币搬进盘二了。后面经我频频移动，终将面额为1卢布的硬币自盘一转入了盘三，到了最后我大功告成了——将那摞硬币顺利地挪进了盘三。

"你还记得你总共移动了多少次吗？"兄长以赞许的口吻问道。

"不记得了。"

"那好吧，我们来回想一下。因为能想到并以较少的频率移动来完成这道题目才有价值。倘若这些硬币的数目并非5枚，比如是2枚——币值分别是10戈比与15戈比，又需要挪动几次？"

"那样的话仅需移动3遍：第一步，先把面额为10戈比的硬币搁进盘二；第二步，将币值为15戈比的硬币放进盘三；第三步，就是将盘二中的面值为10戈比的硬币转移至盘三。"

"看来你的思路很清晰，你说得对。那我再给你一枚币值为20戈比的硬币。你来数数这次需要挪动多少次好吗？我们先在脑子里过一遍：咱们依照前面的法则把两枚币值较小的硬币移动至盘二，咱们事先都清楚这得挪动多少次。接着将面额是20戈比的硬币搁到盘三——动一次就可达到目的。咱们再从盘二将那两枚硬币移入盘三——得挪动3遍。总共挪动了3+1+3=7次。"

"你就给我一次机会，让我来试试看挪动4枚硬币需要几次。第一步，就是先把币值较小的3枚硬币挪进盘二——得动7次；第二步，将面额为50戈比的硬币转移至盘三——移动一次就可以了；第三步，就是把那三枚硬币移动至盘三——得经过7次转移。一共得移动7+1+7=15次。"

"行啊！还不错。那你再想想5枚硬币得移动多少次呢？"

"15+1+15=31次。"

"恭喜你，看来你已经较为熟练地掌握了该类题型的计算诀窍。但我要教给你一些较为简易的算法。你看，以上运算时所得结果为3、7、15、31——都是拿2做2次甚至更多次的乘法运算后减掉1对不对？那你看下面我给你所展示的一些运算。"

兄长很快就绘就了一个表格：

3是2乘以2再减去1；

7是3个2连乘再减1；

15是4个2连乘后再减去1；

31则是5个2相乘之后减去1。

"我懂了：挪动几枚硬币就是几个2连乘，接着减掉1。这下我就能算出移动任何一摞随意构成的硬币所需的次数了。举个例子，假若说现在有7枚硬币，于是就有7个2相乘，结果为128，那么减去1不就是127吗？"

"看来你已经将这个远古时代流传下来的题目的解法了然于胸了。然而你还得记住一条规律：若硬币的数量为奇数，就可先将首枚硬币挪到盘三；若给出的硬币数为偶数——就将其挪到盘二中。"

"你说这是'远古时代流传下来的题目'？那么就是说这些题不是你自创的了？"

"不，当然不是了，我就是动了点脑筋，将它应用到了硬币上而已。那些题目历史非常久远，大概发源于古老的印度。关于那些题目还有个颇为古老而且有意思的说法。大致是说以前在巴纳拉斯有一座古寺，传说中的印度婆罗门神于创建世界之时，在这座寺中精心加工了3根镶有钻石的棍子，并在它们之中的一根上套上了64个金环。该寺的祭司得昼夜不歇地将这根木头上的金环移至另一根，而那名祭司在挪动金环的过程中需借助第三根棍子，而且该祭司慢慢地也发现要顺利移动金环还得遵循以下的一些规律：一次仅能挪动一个金环且不可将大的金环搁到小金环之上。那个印度故事在最后写道：要是祭司成功移动了64个金环，也就是世界末日来临之际。"

"喔，那么就是说，倘若那个印度故事里讲的是真的，我们所生存的这个世界就该消失掉了，是吧？"

"你认为转移64个金环用不了多长时间，是吗？"

"是的。比方说一秒钟挪动一个金环，那转移3 600次不就是一个小时的事儿吗？"

"即使是这样，也改变不了什么。"

"一天一夜大致可移动100 000次，10个昼夜就该是1 000 000次。挪动 10×10^5 次，移动的金环恐怕是64个金环的许多倍，怎么也有1 000多天了吧？"

"你大错特错！移动64个金环怎么也得花掉 5×10 12年时间！"

"不会吧！你是怎么算出来的？挪动的次数就是64个2连乘，求得的值不就是……"

"大约是 1.8×10^{19}。"

"别急，让我试着算算并验证完了再说。"

"也行。在你计算这个值的这段时间，我正好也有点自己的私事要做。"

兄长说完便离开了，我一个人开始算起来。我先是求得了16个2连乘的值65 536，再求出了这个值的2次方，接着再为求出的新结果2次方。虽然这项工作枯燥乏味，可是我的耐力很好，于是我还是求得了最终的结果，通过我的认真计算，得到了18 446 744 073 709 551 616。

也就是说，兄长说的是对的。

这个值求出后，我的信心更足了，我一鼓作气解答起了兄长布置给我的另一些题。那些题不是很难，有些甚至异常容易。比方说把11枚硬币投进10只盘子里的题也太小儿科了点：首先，我把硬币一和硬币十一搁进了盘一，后面投放硬币三，一直依序进行着。硬币二不知上什么地方逍遥去了？咱们并没摆放它是不是?这就是里边的奥秘。

根据我的经验在求解硬币的排列类题目时，先瞧瞧绘制的排列图就一清二楚了，如同图78和图79。

最后，制作结果图，给小正方形投入硬币的题的结果是（图80）：大正方形中的36个小小正方形里搁置了18枚银币，而且每行每列都是3枚。

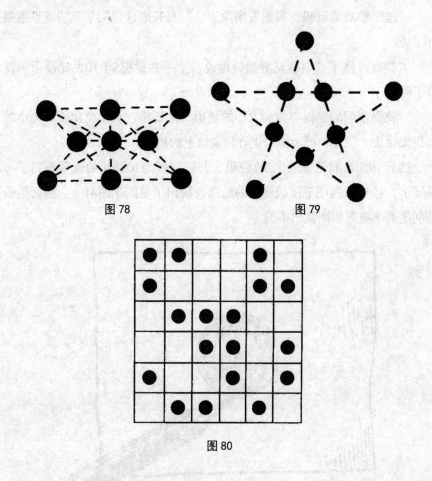

图 78　　　　　　　　图 79

图 80

3. 吃早点时的猜猜看

"昨日有人给我出了道颇有趣的题，"吃早点的时候，兄长的同学说，"就是在纸上裁出10戈比大小的洞，要求将面值为50戈比的硬币从这个洞投掷过去。而且出题的人还信誓旦旦，这个游戏可以玩成功。"

"那我们一起来试试看，这个游戏到底可不可以玩成功好不好？"兄长提议。接着他查了笔记本，又做了一番运算，才讲道："他说得没错，这个游戏可行。"

"这个游戏能玩吗？我越发糊涂了。"兄长的这位同学不明就里嚷嚷开了。

"我有点懂了，"我见缝插针地说，"一共投掷5个10戈比硬币不就好了吗？"

"我要申明的是面额为50戈比的硬币，并要将它从10戈比硬币大小的洞投掷过去。"兄长严肃地纠正着我说法上的错误。

然后兄长自衣兜里取出2枚硬币，并把面额为10戈比的硬币放到了一张纸上，接着拿制图笔按该硬币的轮廓勾勒出了草图（图81），然后他借助削笔的小剪刀依图裁出了洞。

图 81

"现在我们来让面值为50戈比的硬币从这个洞中穿过。"

我和兄长的同窗睁大眼睛，莫名其妙地看着兄长手中的纸。兄长把纸对折，让所裁的洞顷刻间变成了一道狭长而窄小的缝。你们怎么也想不出，在看到面额为50戈比的硬币自这样的小缝钻过去时，我们是怎样地惊愕（图82）！

"尽管我目睹了整个过程，可是我还是没弄懂。所裁剪的那个洞的周长短于面值为50戈比的硬币的周长！"兄长的同窗好友万分不解地说。

图 82

"先看着，后面你自然会弄懂。根据我的经验，面额为10戈比的硬币的直线长度为 $17\frac{1}{3}$ 毫米。但是这个洞的周长除以硬币的直线长度等于 $3\frac{1}{7}$，换个说法，洞的周长超过54毫米。请小伙伴动脑筋考虑一下：在我对折裁出的这个洞时，它长几毫米？该长度近似于洞周长的 $\frac{1}{2}$，简而言之，它的长度较之27毫米多一点儿。面额为50戈比的硬币直线长度近似于27毫米，于是毫无悬念地50戈比的硬币不管怎么样都能从那个洞过去。不过，在具体操作时还要想到它的厚度。可是经过我的实际操作，也就是我沿着面额为10戈比的硬币在纸上临摹时，发现草图上的10戈比硬币的周长超出了硬币本身的周长。这就意味着其厚度可以不予以考虑。"

"我总算搞懂了。"兄长的同窗好友激动地喊道，"倘若我用线套把一枚面额为50戈比的硬币固定好，接着把线套整成线圈并加固好。很明显，到时候面值为50戈比的硬币仅能从线套穿进穿出，而不能自如地进出线圈。"

"我感觉你掌握了所有硬币的尺码。"小妹突然对兄长说。

"其实我不是牢记所有硬币的尺寸，而仅熟记了其中较为容易记住的，其他的我都记在了本子上。"

"哪里有易于记下的？我看都很难。"

"那是因为你没找到窍门，所以才认为太难，把3枚面额为50戈比的硬币摆在一条线上量一量（图83），你就会发现它们长8厘米，这个总该

图 83

好记吧？"

"这个办法我怎么就没想出来呢。"兄长的同窗好友喃喃自语道，"掌握了这个方法，不就可把硬币当测量工具使了吗？如果是鲁滨孙那样的人，无意间从口袋里摸索出一枚50戈比硬币，真的是很有用处的。"

"有位著名小说家儒勒·凡尔纳所创作的小说里的主人公也用硬币帮助自己，因为法国的硬币与度量工具米尺间有某种联系（比例关系）。你们还记不记得鲁滨孙借助硬币称重的事？我们国家面额为1卢布的硬币的重量为20克，面值为50戈比的硬币重10克。"

"这么说面额为50戈比的硬币的体积仅为币值是1卢布的硬币的$\frac{1}{2}$？"小妹突然想到这么一个问题。

"没错。"

"可是币值为1卢布的硬币高度并非为面额是50戈比的硬币高度的2倍，直线长度更不是它的2倍。"小妹说道。

"币值为1卢布的硬币并不能像你所想象的那样制造出来，否则面额为50戈比的硬币的体积就不是它的$\frac{1}{2}$，会变成……"

"就会是$\frac{1}{4}$，这点我懂。"

"不对的，应该是$\frac{1}{8}$。小妹，你想想假如50戈比的直线长度为一枚1卢布硬币的$\frac{1}{2}$，那不用想，它的周长也会是它的$\frac{1}{2}$，高当然也为它的$\frac{1}{2}$，那么50戈比硬币的体积就该是那枚1卢布硬币的$\frac{1}{2} \times \frac{1}{2} \times \frac{1}{2} = \frac{1}{8}$对不对？"

"若想50戈比的硬币体积为1卢布硬币的$\frac{1}{2}$，1卢布硬币和50戈比的硬币间的计算体积的参数就存在如下的联系：把比例关系数字相乘3遍结果为2。"兄长的那位同窗好友讲道。

"是的，他说的没错，50戈比和1卢布硬币的比例为$\frac{4}{5} \times \frac{4}{5} \times \frac{4}{5}$。计算结果为$\frac{64}{125}$。"

"那么真实的情形又会是什么样的呢？"

"实质上也如同上面的计算结果，50戈比硬币的直径为1卢布硬币的$\frac{4}{5}$。"

"今天的事突然让我想起了一个典故，说是某人在睡梦中，看见了一枚1 000卢布的硬币，渐渐地这枚硬币站起来了，站稳后同4层楼一样齐。假若真的造出了那样的硬币，那它也比人的个头矮。"兄长的同学说。

"没错，1卢布硬币的直线长度仅为其$\frac{1}{10}$，由于$\frac{1}{10} \times \frac{1}{10} \times \frac{1}{10} = \frac{1}{1\,000}$，那就意味着，那枚硬币竖起，人的个头将是它的6倍——它仅有33厘米的高度，绝不可能是所讲述的那个人梦中所看见的33米（图84）。"兄长解释道。

"自此我们可总结出如下的规律：若是有人比别人矮$\frac{1}{5}$，而且也比别人瘦$\frac{1}{5}$的话，那么我们据此可以推断出他的重量为别人的$\frac{1}{2}$。"

"这个结论没问题。"

"侏儒的体重是巨人的几分之几呢？"小妹又提出了这么一个问题。

"大概是$\frac{1}{10}$吧？"

"不对，应该是几百分之一！"兄长反驳道，"依照我所了解到的信息，

图84

世界上最高的人是一位阿尔萨斯人，他个头高达275厘米。"

"而世界上最矮的人？"

"根据相关统计，成人中最矮的个子不足40厘米，简而言之，最高的人是最矮的人个头的7倍。换句话说，若同时将最高的人与最矮的人搁到秤盘上来称重，就得在秤的另一头的秤盘站343（7×7×7）个世界上最矮的人——这可是一大群。"

"说到这里，我想起了最近我所遇到的一道题，我把它告诉诸位还请大家帮忙。"小妹追述道，"市场的瓜摊上摆放着两个个头不一样大的西瓜，其中一个的大小是另一个的 $\frac{4}{5}$，它的价钱是另一个的 $\frac{2}{3}$。你们几个说说买哪个划算（图85）？"

图 85

"你来求解吧。"兄长对我说道。

"假若真的是小西瓜仅比大西瓜便宜 $\frac{1}{3}$，而小西瓜的个头是大西瓜的 $\frac{4}{5}$，那么，当然是买小西瓜实惠些。"

"你没明白我的意思！咱们眼下探讨的话题为：倘若一件东西的长、厚、高都仅为另一物品的 $\frac{4}{5}$，则它的体积将是另一物品的 $\frac{1}{2}$。换句话来说，要大西瓜合算些，小西瓜的价码为大西瓜的 $\frac{2}{3}$，但是它可以吃的地方

只为大西瓜的 $\frac{1}{2}$。"

"但是有个问题我还是没弄明白，小西瓜售价为何是大西瓜的 $\frac{2}{3}$，而不是 $\frac{1}{2}$？"兄长的同学不解地问。

"这缘于卖西瓜的不懂几何。当然了，顾客也不清楚，因此才会做这些不合算的买卖。我要说明的是，买大西瓜一直就比买小西瓜合算，买主往往会错误地估计大西瓜的实用价值，而多数顾客显然也没发现存在这一问题。"

"那可以此类推，个头大的鸡蛋就比个头小的鸡蛋实用价值大？"

"自然是个头大的鸡蛋要价低。但是，德国的卖主往往要比我国的卖主聪明：他们依鸡蛋的重量确定价码。那样的话，就不存在错误地估计价格的问题，是不是？"

"喔，我忽然联想到了别人给我讲的一道题，当时我没有解答出来。"兄长的同学冷不丁地冒出这么一句，"题目是：有人碰到一个捕鱼的人，就问他捉了多少鱼，只听那位捕鱼人说：'所有鱼体重的 $\frac{3}{4}$ 另加 $\frac{3}{4}$ 千克。'那么，所有鱼的体重为多少？"

"啊，这题不繁复。"兄长自信满满地讲道，"很明显，所有鱼体重的 $\frac{1}{4}$ 恰好为 $\frac{3}{4}$ 千克。$\frac{3}{4}$ 千克乘以4便为所有鱼的体重，即3千克。我给你们几个出道有些难度的题目好不好？你们几个说说在世上生活的众人当中，有没有头发数量相同的人？"

"我先来回答，我要说的是这个世界上所有秃顶的人，他们的头发一样多。"我忙不迭地说道。

"那么那些不是秃顶的人的情况又如何呢？"

"不是秃顶的人的头发数量是不是相同，这可就很难说了。"

"我的问题不但包括那些谢顶的人，而且我更想知道在我们国家的首都存在不存在头发一样多的人？"兄长进一步阐述道。

"我要说的是，就算这样的人存在，那也是很偶然的事。从理论上而言有存在的可能，可是我能拿出1000卢布跟别人较劲儿，别说在我们的首都呢，就算寻遍整个人间恐怕未必会找到头发数量一样的两个人。"

"若换作我，我掏1戈比跟人较劲儿都觉着不划算，你花钱给自己买失败。我虽不敢说很容易地就找到头发数量相同的两个人，可是我能肯定地说在我们所在的城市（莫斯科）有上万甚至数十万头发一样多的人存在。"

"这怎么会呢？光莫斯科就有几十万头发数量一样多的人？这太难以置信了。"

"我不是在跟你们讲笑话。拜托你们好好动动自己的脑子，想想看，在我们生活的这座城市的人和人头上的头发到底哪个多？"

"这还用说吗？肯定是人多。可是这两者之间又有什么关联呢？"

"想知道它们间的联系，就听我一一道来。若要说是莫斯科的人比每个人的头发多，这么一来难免会多算头发。一般人们以为，一个人大概有20万根发丝，可这个数量仅为人口数量的$\frac{1}{8}$。比如说前20万本城人的头发数量不一致，那么第二十万零一个人的头发数又如何呢？无论你相信不相信，不可否认的是，此人的头发数同前面的那20万人的头发数确实一致，不管怎样，他的头发数目都超不过20万根对不对？整体而言，第二批的20万人中，每个人的头发数难免会和前面那20万人的相一致。打个比方说，就算我们的城市仅有40万人，那也会有20万组人的头发数一模一样。"

"我现在才清楚自己究竟错在了何处，我疏忽大意了。"小妹感慨道。

"我们继续。"兄长接着说，"有条河的两岸分别矗立着一座城市，它们之间的距离有如下的关系：轮船顺流而下需4个小时，逆流就得花6个小时。那么，一块木材漂到对岸费时多少？我看还是由你来解答较为合适。"兄长对我说道，"你不是学过分数了吗？这也就意味着这道题你是可以求的。下面大家一起来玩数字游戏，我来当分析判断的人。你们尽可能地展开你们丰富的想象，想到什么数字就是什么数字，然后用该数字与9相乘，再由结果中去掉0与9之外的任何一位数字，接着把其余的数字以任意顺序诵读出来，我便可知道你们去掉的数字为几。"

我们一一将我们保留的数字诵读给兄长，每次我们一读完，他都能迅速讲出我们去掉的数字。

"好了，我们来玩点其他的。说出一个数字，接着在该数字末尾加上0，然后减该数字后加63。一切就绪了没有？下面的游戏规则同上，在求得的值内去掉任意一个数字，把其余的数字读给我。"兄长并未详细讲解其中所包含的原理，就接着说下去了。

大家依照他的提议开始了游戏——兄长无一差错地讲出了大家去掉的数字。

"随便你们谁，就拿你来说吧，"兄长冲着我讲，"随便写一个我不清楚的3位数，再在其后增加刚写的3位数，接着拿那个6位数去除7。"

"你说得轻巧：用它们去除7……除不尽怎么办？"

"你就把心放到肚子里面吧，这个除法运算产生不了余数。得出求解的值后告诉小妹。"

经过我们的计算，用那个6位数去除7还真的没有余数。我将列有运算过程的纸递给了小妹。

"你嘛，就用运算的值去除11。"兄长给小妹布置了新的任务。

"也是能除尽而没有余数？"

"当然，你瞧，是不是可以除尽？别把数字递给我，传递下去。"

兄长请自己的同窗好友用该数字去除13。

"怎么？又是可以除尽？"

"是的，预备，开始！"

兄长自好友那里取来了运算结果，连一眼都不瞧，就把那页纸放到了我的手里，接着说："它就是你说出来的数字。"

我手忙脚乱地打开那页纸，发现果真是我最初说的那个数字。

"你好厉害！"小妹叫道。

"这是一个非常神奇的算术游戏。可是真相就如同令人眼花缭乱的魔术表演一样。下面我们来玩这么一个游戏，题目是让你们写下3个多位数，可是我能在你们写出前2个之前就告诉你们其和为几。不信就随便写个5位数试试。"兄长冲着我说道。

我也不甘示弱，大笔一挥就写了67 834。兄长接过纸留出另两个加数的位置，画了道横杠，一挥而就写好了3个多位数的和。

（本人）67 834

————————

（兄长）167 833

"你们3个随便出来个人书写另一个多位数，剩下的那个我自己写。"

兄长的同学拿过那页纸写下了下面的那个数字：

（本人）67 834

（兄长的同窗）39 458

————————

（兄长）167 833

兄长立马上前书下了如下的数字：

（本人）67 834

（兄长的同学）39 458

（兄长）60 541

————————

（兄长）167 833

经过我们的验算，没问题！

"你是很快求得前2个数之和，并从最终的结果中减掉它们而算出第三个多位数的吗？"

"非也，我还没掌握速算的技能。但是，我可以用5位数玩这样的游戏。假如你们有兴趣，别说5位数，就是8位数也行。"

兄长说到做到。下面就是有关这个游戏的运算值，我们为了便于读者阅读用数字标明了顺序：

（本人）23 479 853

（兄长的同窗）72 342 186

（小妹）58 667 783

（兄长）41 332 216

（兄长）27 657 813

————————

（兄长）223 479 851

我在纸片上写上了第一个8位数，兄长就写下了几个数之和。

"你们会不会觉得，我算出了这么庞大的和，就是减去已有的多位数，然后拆分成空缺的多位数对吧？其实，你们想得过于复杂了，我坚信，你们闲暇时仔细琢磨一番，就不难发现其中的玄机。"

"明日我将要去我国的首都，在车上我可以通过玩这些数字游戏来消磨时光。"兄长的好友道。

"我再给你说几个数字游戏题，帮你排遣旅途中的寂寞。比如说诸位见过这样的数字游戏吗？将数字7用5个2表达出来。"

"有这样的题？变魔术才可能变出来吧？"

"你说错了，这不是魔术而是数字游戏。简而言之，在算式右侧2出现的次数仅限于5次，组合抑或单独运用均可，用加减乘除符号将它们连接起来，最终左边的值要为7。我就给你们透露一下答案，如此一来你们就不会再对这样的题手足无措了。其余的就看你们自己的了。拿5个2完成结果为7的式子，你们可以这样写：$7 = 2 + 2 + 2 + \dfrac{2}{2}$。"

"噢，我明白了。它还可以用如下的式子表示：$7 = 2 \times 2 \times 2 - \dfrac{2}{2}$。"

"是的，看来你已经掌握了解决这类问题的秘诀。那么就请计算以下的这些题目：用5个2表示28；用5个3表示100；用5个5表示100；用4个2表示23；用5个1表示100；用4个10表示100。"

"听说你能用火柴棍做一些游戏，能否露一手让我一饱眼福？"兄长的同学提议。

"没问题，我记得前一阵子在你家玩过，对不对？"

兄长拿了8根火柴顺势排开，如图86。而后说他待会儿去相邻的房间，回来后便可判断出他离开后我和他的同窗及小妹选出的火柴。唯一要留意的是挑选火柴者得用手触碰该火柴棒。同时，谁也不能乱动火柴，让其他火柴保持原状。

待兄长离开后，大家用心关好了门，我甚至不忘拿张纸堵上锁孔。小

图 86

妹用手指碰了其中一根，接着我们便冲着墙那边的兄长叫："好了，可以过来了！"

我和小妹甚是纳闷，兄长的同窗时而诧异，时而大笑，可是我们几个都迫切想知道这个游戏的奥秘。

"是时候告诉你们这个游戏的秘密了，"兄长看出了我们的心思，"首先我要隆重地向大家介绍帮助我完成此魔术的朋友，"兄长对着同窗自豪地说，"这是一幅以火柴棒搭出的他的形象。尽管只是相像，可是还是能够分辨出来：这两根火柴是眼睛，那里是前额，两只耳朵在这里，那是鼻子、嘴、下颌、头发（图87）。回到房间，我首先要瞧瞧帮助我的朋友，他不是轻抚下颌就是眨巴眼睛，要么就是抓鼻子……尽管他提供给我的信息非常有限，但已经帮了我大忙。据此我便可轻而易举地推断出，你们几位挑选的是那根火柴棒。"

"哇！你们俩居然串通一气！"小妹笑着对那位朋友说，"要是我早点儿知道你是内奸的话，我准会防着你的。"

"若果真如此，我可就推断不出喽。"兄长坦言道，"是时候结束了，这顿饭吃得太久了。"

大家是否很好奇兄长预留的那些题目的解法？

那道轮船与木板的题是这样的。若是轮船顺流而下费时4小时，于是每小时的航程便为此间距的 $\frac{1}{4}$。而若是逆行，则船速便是间距的 $\frac{1}{6}$。很明显，若以间距的 $\frac{1}{4}$ 与间距的 $\frac{1}{6}$ 相减，所得结果的 $\frac{1}{2}$ 便为河水的流速，间距的 $\frac{1}{4}$ 就意味着其为船速与水速之和，另外，间距乘以 $\frac{1}{6}$ 等于船速与水速之差；船速大于水速的部分为2倍的水速。大家都清楚与的 $\frac{1}{4}$ 差 $\frac{1}{6}$ 为 $\frac{1}{12}$，而 $\frac{1}{12}$ 的 $\frac{1}{2}$ 为 $\frac{1}{24}$。也就是，水速等于两城间距乘以 $\frac{1}{24}$，换而言之，流完全程需用时一昼夜（24小时）。其也是木板顺流而下所需的工夫。

还记得那道撇开数字的题目吗？那道题以这样的事实为基础：任意一个能被9整除的数所包含的数字相加后的结果也是能被9整除的。首先我们用自己想到的数与9相乘，显然，此数中含有的数字相加后也可被9整除。明白了这个道理后，我们可不费吹灰之力地判断出，已给的数里添加了怎

图 87

样的数字，方可使所得到的数中的各个数字相加后能被9整除。假如撇去数字9与0，一点也不干涉所剩数字相加的后能被9整除，这就是不舍弃这两个数字的理由。

另外，如果先给我们想到的数字10倍（多了一个0），接着我们从所求值中刨去那个数字。那样一来就等于是给那个数字与9相乘了。加上的数63也能被9整除，所以没有影响。其他的也无须我多言了。

还有一个数字游戏，即除以7，11与13的数字游戏，似乎很难，其实并非如此也。如果大家于一个三位数后续上这个数，就是将该数与1 001相乘了。大家一起来看个具体的例子吧：

$$723\ 723=723\ 000+723$$
$$=723 \times 1\ 000+723$$
$$=723 \times 1\ 001$$

但是7×11×13=1 001对不对？那么，大家一一求初始数字与7、11及13的商，就是求与1 001的商，所得到的值便是原先的那个数字。

大家也不会忘了那道判断总和的题目，其实那道题目也并不是那么神秘的，可是我得提醒诸位：首先，兄长写的总和减去我选择的那个数字等于99 999（167 833–67 834），也就是说得加上99 999，其实就是100 000减去1。在兄长的同窗大笔一挥写下39 458后，兄长选的那个数与他同窗选的数之和便为99 999。其实这里面也没有什么奥秘，仅需以9与各个数字求差即可。

另外，我要说的是这种被兄长采用的方法与前一种办法相似，只不过是最后的结果多了2与99 999相乘，即仅需每一个加数求和后多2个999 999 999就行了。

最后我将那道题目的求解过程告诉大家：

$$28=22+2+2+2;$$
$$23=22+\frac{2}{2};$$
$$100=33\times3+\frac{3}{3};$$

$$100=5 \times 5 \times 5-5 \times 5 \text{或者} 100=(5+5+5+5) \times 5;$$

$$100 = 99+\frac{9}{9}。$$

4. 迷宫

"你拿着书傻笑什么？书里写了好笑的故事了吗？"我的兄长问道。

"杰罗姆的《三怪客泛舟记》确实有趣。"

"那本书我知道，是本不错的书。眼下你看到什么地方了？"

"众人在迷宫般的花园迷失了方向，正没头苍蝇似的到处乱窜。却怎么也出不了迷宫。"

"这部分内容非常有意思！你朗诵给我听，好吗？"

听兄长这么一讲，我也兴致大增，快乐是要与人分享的，于是我放声给兄长诵读起了书里的情节：

哈里斯询问我到过汉普顿宫殿没有。他曾经给我讲述过一次他的迷宫之旅。哈里斯曾经认真钻研过迷宫的平面图，迷宫的设计看起来非常简单，他甚至认为不值得为游览迷宫花费钱财。这次他是为给朋友帮忙才进迷宫的。

"倘若你想进去看看，我就陪你一道。"哈里斯向朋友承诺，"不过我要提醒你的是，里面并非很有趣。我一直纳闷别人怎么会将它称之为迷宫的？你在里面行进时碰到岔路口就右转。花10分钟我们就能走完迷宫。"

可是事与愿违，他们进到里面看到人头攒动。那些游客告诉哈里斯，他们已经逛了一个小时，非常渴望离开迷宫。哈里斯非常热心地告诉那些人，假若乐意，就可随着他离开，并且说他自己才到迷宫，转一圈就会离去。被困的人都很乐意跟着他。

在行进当中不断有跟随者，到了后来迷宫里的所有人都对哈里斯趋之若鹜。这些人中有不少忧虑出不去、看不到自己家人和朋友的游览者，他们见到哈里斯就如同见到了大救星一般紧追不舍，并且很感激。哈里斯说，在那个时间段最少碰到20个人，特别是有位抱孩子的女人，在迷宫乱窜了一上午，在遇到哈里斯后使劲儿拽着他的手，就怕他突然不见了。哈里斯虽然逢弯就转向右边，但是，前面的路却愈来愈长。以至于他只能告诉朋友："这个迷宫占地面积太大。它是全欧洲第一大宫殿！"

"是的，"朋友答道，"我们都走了2里地了吧？"

哈里斯也纳了闷，但是他还得装得精神抖擞继续向前。走了没多久，大家发现了地上的蛋糕。这时他的朋友惊呼道，7分钟之前就瞅见它了。

"大概是你看错了吧？这怎么可能！"哈里斯反驳道。

可是抱孩子的女人答道："您的朋友没说错，那块蛋糕是我在遇到您之前亲自撒下的。"那个女人又说，她后悔遇见哈里斯，并说哈里斯撒谎。哈里斯非常生气，于是他从身上摸出了地图，大讲特讲自己的见解。

"那你知道我们当下身居何处？连这个都不清楚，就让你的平面图见鬼去吧！"随行的一个人讲道。

说实在的，哈里斯的确不清楚他们一帮人身在何处。他给大家讲眼下最有效的办法就是众人跟随他回到始发地重新出发。虽然众人不愿从头再来，却只好回到出发地，跟着哈里斯向着反方向行进。谁知重新出发后，过了10分钟，他们居然又来到了迷宫的中央地带。

哈里斯本打算说这是他故意这么走的，但是当他看见众人怒不可遏的样子，只好把想说的话咽回了肚子，连连说纯属特殊情况。

无论如何都不能站在原地不动，否则永远也走不出去。所有人都知道自己的所在之处，便纷纷认真端详起了迷宫的平面图。从该建筑的图纸来看，走出这座宫殿太容易不过了，众人信心满满地再次踏上了征程。

但是仅仅行进了3分钟，众人便又明白过来——他们第4次走到了宫殿的中央位置。

大家决定不继续跟随哈里斯了，大家渐渐地发现，无论他们如何努力，如何变换前进的方向，结局都是相同的——一次次地回到宫殿的中央。这种状况反反复复地发生着，于是其中的一部分人不再走了，在宫殿的中央待着，看着跑来跑去又一次次返回到这里的人们。哈里斯很不识趣地摆好了地图打算再次查看，这一下大家全发怒了。

最终的结局是大家打嘴仗，打得难舍难分，于是有人找来了宫殿的管理人员。管理人员跑来后登上梯子，高声宣布该怎么走出宫殿。

可是迷路的人们还是晕乎乎的，什么也弄不清楚。管理人员无奈，只得喊道："你们都站在那儿等着我，我马上就下来。"众人就候着管理人员，他从梯子上下来，走了过来。

不幸的是这名管理人员非常年轻，也没有什么经验，他走进这座宫殿后非但没找到这群请求救助的人，反倒连自己也分不清东南西北了。求助的人发现他绕着周围的墙瞎跑，他看见众人后就飞奔过来了——但是只过去了60秒，他又返回了原地，还抱怨众人变换了方位。

迷路的人们无话可说了，大家一起等着那位老管理员来援助。

"那帮人真缺乏分析判断的能力！"我读完小说后感慨道，"身上揣着建筑设计图纸还会发生迷路的事，简直太不可思议了！"

"你认为找到出路易如反掌？"

"当然了，不是有建筑设计图纸吗？"

"你一说我想起来了，我大概有那个宫殿的平面图。"兄长说着就动手在自己的书堆里乱翻起来。

"真的有那座宫殿啊？"

"当然。汉普顿迷宫就在伦敦附近，已经存在了200多年。平面图找到了，这就是《汉普顿迷宫平面图》（见图88）。从平面图上看，面积似乎不太大，只有1 000平方米。"

图88　汉普顿迷宫平面图

兄长翻开了书，书中果真有幅不太大的平面图。

"请你设想，倘若是你身处迷宫的中央，欲离开迷宫，你有可能选择那条道离开？你可削根火柴棒来标出你选择的路径。"

我听从兄长的提议，拿尖头的火柴棒标明了迷宫的中心，并顺着迷宫平面图上蜿蜒曲折的方向指示标志移动着火柴棒。可是渐渐地我发现事情并非我所想象得那么简单。瞧，我挪动火柴棒转了数圈后，也一样来到了被我所耻笑的那些人折回的迷宫的中间区域！

"这是怎么回事？从平面图上瞧，迷宫很简单！可实际上它并不像看起来那么容易……"

"不过有一个妙法，若是有人掌握了它，便可自如地进出所有的迷宫，再也会为走不出迷宫而烦恼。"

"怎样的妙法这么神奇？快说说。"

"那就是顺着位于你右手边的围墙向前移动，抑或顺着你左手边的墙向前移动，不过选择这两种方式走出迷宫的结果都是相同的。"

"就这么个妙法？"

"这还不奇妙？你自己当场验证一下，借助这个办法在平面图上转一周试试？"

我经不起兄长的诱劝和好奇心的驱使，依照兄长提供的方法，以火柴棍当人开始了自己闯荡迷宫的旅程。没想到这个方法会那么灵验，我按照这个办法顺利地到达了迷宫的中间，继而非常成功地出来了！

"这样的方法是谁发明的？太奇妙了！"

"没有你说得那么神奇，"兄长不以为然地说，"它仅能让你在迷宫里不至于辨不清方向成为迷途的羔羊，若是想靠它转遍迷宫还远远不够。"

"我才顺顺利利地走完了迷宫的所有地方，也没出什么问题呀？"

"那是因为你没注意。若是你眼下就拿点构成的线标出你刚才去过的路，便会瞧出，还有条路你根本就没走过。"

"还有一条我未曾到达的道路存在？"

"我都在图上用符号给你做出了记号（见图89）。瞧见了吧？难道你走过那条道？虽然该办法也能让你畅通无阻地穿梭于其他迷宫，并游览每个迷宫的大多数区域，而且能让你欣然离去，但它无法让你对整个迷宫一览无余。"

"地球上像这样的迷宫不在少数吧？"

"是的。时下人们仅在公众场合比如花园及公园这些地方盖迷宫，以便让大多数人感受到无顶且被高耸院墙所包围的环境所带来的乐趣（图90）。在很早很早以前，迷宫常常修建于雄伟的建筑物抑或埋藏于地下的建筑内。目的是不让被送进迷宫的人出去，让他们在走廊和过道及厅堂所

图89 应该怎样走迷宫

图90 古代花园迷宫之一

构建出的数不清的路径弄得迷惑不清，最终死在那里。例如，有个迷宫就修建于克里特岛上，民间传言该迷宫由国王米诺斯修建。该迷宫设计得非常繁复，就连代达罗斯这个建造者都没能找到出去的方法。"

生活于罗马时期的奥维德是如此描写这座建筑的：

建筑界的翘楚代达罗斯建起了附有迷宫的伟大建筑，它让围墙和房顶严严实实地包裹着。这座宏伟的建筑里除了一眼望不到尽头的纵横交错的走廊，别的什么也没有，那些弯的或者是直的走廊延伸至不同的方位，甚至连最有好奇心的人也被弄得晕头转向。

他接着写道：

建筑师代达罗斯在迷宫里修了数不清的道路，以至于他自己都找不到迷宫的大门开在何方。

"那个时候，"兄长接着讲道，"迷宫常被用来守护帝王的陵寝。聪明的建筑师们将帝王的墓修筑于迷宫的中心，如此一来，就算盗墓贼找到陵寝得到了金银财宝，可他终会因无法寻觅到迷宫的大门而成为帝王的殉葬者。"

"难道他们就不懂你所说的走出迷宫的办法？"

"第一，那时候的人们还没发现这个办法；第二，我不是已经说过了吗？就算他们知道这些方法也无济于事——它并不能让进入者的足迹遍布整个迷宫的每一处。我们可以用这个办法建造这样一种迷宫，人们恰好无法进入到埋金银财宝之处。"

"建造出来的迷宫有没有人根本无法走出去的呀？那些懂得你那种走出迷宫的方法的人能毫无悬念地离开迷宫。可是若是带着一帮人进到迷宫之中，而且领着他们游览一圈后呢……"

"远古时代，科技不发达，于是人们普遍觉得越是将迷宫设计得繁复，进去的人就越难从里面离开。可是实际上并非如此。用数学方法求证一下，大家就会明白没有出口的迷宫修建不出来。另外，聪明人非但可从任何一个迷宫找出出口顺利走出去，甚至能踏遍迷宫的所有区域。这一切仅需依照一定的步骤并谨慎一些就能办到。200多年前，图内福尔就冒险游览了克里特岛上的某个岩洞。关于这个岩洞流传着一个神奇的故事，据说这个岩洞道路遍布而且错综复杂，并且不存在出口。岛上有无数个这样的岩洞，也许正因为这样才引起了米诺斯帝王的迷宫传说吧。这位植物学家若想不迷失方向，他该如何行动呢？卢卡斯从数学的角度对此进行了阐述。"

兄长自书堆里挑出了那位数学家也是植物学家卢卡斯的书《趣味数学》，给我诵读了其中的这么一段：

在与一些其他的探险者顺着蜿蜒的走廊前行了一段路程后，大家到达了长而宽的一条路，它指向迷宫远方的一个宽敞的大厅。所有人顺着那条路行进了30分钟，迈了1 460步。此路两旁多是长廊，若非小心翼翼，迷失方向是在所难免的。缘于我们想离开迷宫的迫切心情，人人都非常关注返回的路线。

其一，我们安排了一位本地的带路人停在洞外，而且特别叮嘱他，若是天黑时还不见我们出来，请他赶紧找村里的其他人一起来救我们脱离危险；其二，我们人人都点着火把；其三，在大家看来会迷路的地方张贴了写有编号的纸条；其四，一位给我们带路的人一路都在我们的左手边摆放绑在一起的树杈，另一位给我们带路的人则边走边往路上扔被砍碎的麦秆——他总是随身携带着一些弄碎了的麦秆。

"真有点杯弓蛇影的味道，"兄长朗读了那段文字后感慨道，"虽然说从前的人有点小题大做，但是也可以理解。毕竟在那时除此之外没别的办法，而且迷宫的问题也没得到破解。图内福尔终究没生活在我们这个探索出了周游迷宫并顺利离开的办法的时代，后人研究出的方法比那位植物学家的办法可靠易用，和别的办法同样实用。"

"你知道这些办法？"

"当然，方法并不繁复。但还是有些需注意的地方：一是在迷宫里若没遇到死胡同或多条路的交汇处就一直直行。若不小心踏入了死胡同，就立马返回，而且可在胡同出口标识一下，比如搁两块小石头，表明此路都走了两遍。倘若到了数条道路的交汇点，就选定一条路一直前行，并在已走过或打算经过的路上用一些物件做出标识；二是假如走到先前去过的交汇点（标识告诉你曾经来过），并且是从没有走过的道路过来的，那就折回，在入口搁上物件标明你来过两趟；三是若你再次走到了曾经去过的交汇点的一条道上，可再次放石子标记，接着去走没走过的道路。如果你都走过了，你可挑一条仅搁了一粒石头的路（即曾经去过一趟的路）走。倘若你在游历迷宫时严格按照这三条规律，便可逛遍迷宫里的每条路、每个角落，并且顺利出来。"

5. 少先队员的游戏

有10位少先队员去郊区玩，天快黑时他们才到达目的地，于是他们开始为过夜的问题头疼不已。他们仅找到了9张空床。你可要知道他们共有10个人。"只有9张床，说明得有一个人打地铺。"他们想以抓阄的方式决定大家谁该躺床上睡，谁该打地铺。

恰巧在此时，旅馆的管理人员提醒大家："就没办法使每个人都能睡在床上吗？"大家可尽情地展开自己丰富的联想。管理员想到了为10位少先队员解决10张床铺的妙法了吗？

"远道而来的朋友，大家没必要抓阄了！"旅店管理人员说道，"我保证你们10个人都能睡到床上。"

"您的意思是您找了一张床？"

"当然没有。"

"您的意思是说让9张中的某一张床上住2个人？"

"当然不是，这哪儿是一张床睡一人呀？"

"天哪！您说的事情是多么不可思议：9张床住10个人，且每张床上仅睡一个人。"

"不相信我说的话，那就一起过来看看这是不是真的。现在该相信我的话了吧？那么下面就听我的安排。"

旅店管理人员挨个儿给住店人员分床。他吩咐第一位少先队员住第一张床，随后又让最后一位少先队员也住第一张床。

"仅需2分钟，等我处理完一切事务后，每个人就都会拥有自己的床位。"

在给这两位少先队员分配了同一张床后，旅店管理人员又安排少先队员三住床二，吩咐少先队员四住床三，他就一直这么依序安排着，具体的情况请各位看下面的内容：

少先队员三——床二；

少先队员四——床三；

少先队员五——床四；

少先队员六——床五；

少先队员七——床六；

少先队员八——床七；

少先队员九——床八。

少先队员十暂时和少先队员一躺在一起，于是管理人员又将床九分给了他。这下每名少先队员都拥有自己的床位，对每人都很公平，大家可以躺下舒舒服服睡个踏实觉了。

大家很惊奇，太不可思议了，对吧？我也有同感，这事有点怪！不过，大家虽然心里清楚管理人员的智慧之处，可是要将这一切说清楚大家就有些力不从心了。

不过也没有什么神秘的。大家忘记了少先队员二，思路由少先队员一跃到了少先队员三，忘记了少先队员二还没床位。

第四章

想一想，看一看

1. 马车

【题目】剧院散场，三兄弟前往有轨马车站，打算在首节车厢进站后跃上马车（有轨马车与有轨电车有所不同，跃进有轨马车很容易）。

可是马车姗姗来迟，老大提议继续候车。

"可是我们边走边等多好？"老二嘟囔道，"我们散着步向前走好吗？等马车来到我们身边后，我们再上车。那样的话，当马车出现后，我们都前进了一段距离——我们就会更快进家门。"

"假若要走的话，"他们的小兄弟驳斥道，"要走也该是向回走，那样才能更早更快地搭上马车，岂不是到家的速度更快？"

三兄弟都无法说服对方，就各自以自己的方式行动了：老大候在原处，老二前行，老三朝后走。

那么先到家的会是谁？他们中的哪一位更聪明？

【题解】迎着马车驶来的老三见到迎面而至的马车跃了进去。当马车跑到老大身边时，老大跳了进去。当马车跑到老二跟前时，他也一跃进去了。三兄弟进了同一节车厢，当然是同时到家。

可是他们的老大最有智慧：待在原地不动，节约了体力，没有老二老三那么累。

2. 哪个人数的行人人数更多

【题目】一天有两个人想对人行道上行人的数量有所了解。于是他们就开始数行人的数量，他们中的一人挑选了一栋楼房前的位置数，另一人则通过不停地游走于人行道上来数。

两个人中究竟哪个人数的会更多一些？

【题解】这两个人所数的行人人数相等。其实，虽说位于门口的人能数到走向不同方向的路人，但来回于路上穿梭的人碰着的人是其看见的人的 $\frac{1}{2}$。

3. 气球会落向何处

【题目】大家都知道地球在公转的同时亦在由西自东自转。我们能否借助地球自我运动的情形，做一个方便而经济实惠的游览？如采用下面的方法：坐上热气球，悬空等候地球在自转时将旅游目的地带到你的眼前（图91）。在地球自身运动到你的旅游所选之地后，抓紧机会降落下来。这么一来你不用长途跋涉就可神游东方了。此时千万不可大意，一旦落下晚了，你想去的地方就神速跑向西方去了，于是你就得再次耐心等候，直至那个地点再次到达你的身边。请问大家这种旅行方式不科学在何处呢？

图91

【题解】题干中所描绘的旅行方法并不能成立。地球自转，大气也在自转，所以气球会和地球一起转动，相对地球而言停留在原地。更进一步来讲，就算没有重力，投掷于空中的物体也会缓缓飘浮在抛出点上方。也就是说，不管气球在空中停留多久，都只会落在原地。

4. 异常情况

【题目】1月酷暑难耐，7月冰冷刺骨的情况会不会发生？

【题解】1月酷热、7月严寒的气候出现在南半球。在我们身居的北半球处于严寒中时，南半球却正酷热难当；而当北半球处于酷暑时，南半球则寒风刺骨。

5. 3 和 4 相等

【题目】桌面上有3根火柴，请你的玩伴在不添加任意一根火柴的条件下，用3根火柴摆出4的造型。

要求不得折断火柴。

他或许想不到解决这一难题的方法。

这是什么方法呢？

【题解】该题目是难度较低的。解开它的关键之处是虽说拿3根火柴无法摆出4根火柴的造型，不过用3根火柴却可以摆出大写的罗马数字Ⅳ（图92），即阿拉伯数字4。而且以3根火柴摆出Ⅳ对所有人来说都应是小菜一碟。根据这个办法，还能用3根火柴摆出Ⅵ（数字6），用4根火柴摆出Ⅶ（数字7）……

图92

6. 何时 3 加 2 等于 8

【题目】倘若你完全掌握了上面那道题的求法，下面这道就难不倒你：桌面有3根火柴，若是再有2根，可不可以摆成一个8呢？

【题解】看看此题的具体求解过程。详细情况请看图93。

图 93

7. 舞动于指尖的铅笔

图 94

【题目】有没有办法让铅笔以其笔尖为支点稳稳立在手指上？稳稳就是长时间、稳固地站立，即使人为地由一旁动铅笔，也可很快恢复到之前的状态。

让铅笔立于手指上似乎不大现实。想想究竟有没有这种可能呢？

【题解】要达到长时间、稳固地立于手指头的目标，就须把折叠刀的刀尖扎入铅笔内（见图94），需要小心一些。如果仅凭想象的话，刀和铅笔合二为一也许不易长时间、稳固地站立。那么可以试一试，你会发现其实这一切真的可以做到。

8. 下棋

【题目】有3个人一起玩象棋，总共玩了3局，那每个人各玩了几局棋？

【题解】也许有人会脱口而出："3个人都玩了一局。"这个回答可不确切，朋友们难道这么健忘吗？一般来说3个人下棋，2个人对弈后，得有一个人留下与下一局的棋手过招对不对？这么一讲大家该明白了，不可能3个人都下了一局吧？

正确的回答就是，每个人下了2局。

第五章

别出心裁的图画

1. 驯兽师在哪里

【题目】图95中同时画着老虎和驯兽师。然而，驯兽师在哪里呢？

图 95

【题解】原来驯兽师反向站立，驯兽师就在老虎的眼睛里。

2. 较长的与较宽的图

【题目】不用辅助工具的情况下，目测一下下面两幅图哪幅长，哪幅宽？

【题解】观察图96，目测的结果是居左的图好像比居右的图长而宽，果真如此吗？用纸片测量一下，就会发现，我们居然被自己的眼睛蒙骗了——两幅图的长和宽相同。这是"视觉欺骗"的缘故。

图 96

3. 背影一样高

【题目】认真查看图97，用目力估测人的背影而且进行对比。最前边的那个人较之后面两个人高多少？

图 97

【题解】目测之后我们找张纸条，以此为测量工具来测测3个人的背影。测完后发现3个人的背影高度一致！的确，这是一幅视力幻觉图。

4. 都是些什么

【题目】看图98。画家都画了些什么东西？

图 98

这些都是根据实物创作的，不过指出它们分别是那些东西是不是有些难度？

这些物品都以不寻常的角度呈现，增添了判断时的困难。大家可以试着判断一下这些究竟是什么。

提示一下，这些都是些常用物品。

【题解】图中都是我们平日生活中不可缺少的东西，但在图中我们看到的只是它们的一个侧面。最靠上的是剪刀，紧挨着的是老虎钳，接下来的是剃须刀，最后一排由左至右分别是：铲草的叉子、怀表及盛汤的勺子。

是不是有种原来如此的感觉？现在看这些图也不觉得特别了。

5. 画家和他的画

【题目】在图99内，画家描绘出了晴空下的海面夜景。而且还画了让我们不解其意的月牙：月牙似弯弯的小船般漂于水上，而不是高悬于苍穹。画家该不会是弄错了吧？到底可不可能出现这种情况呢？

【题解】画家的确是正确的。他画的是赤道地区新月落山时的场景。在赤道区域，月亮落下时的情形和图中画家所勾勒的一模一样。假如去过高加索，你就应该知道，高加索地区新月的倾角会和我们家在北方的人平常所见到的不同。也就是说，画家以现实中的景色为题材作画，他的画没有问题。

图99

6. 哪只脚着地了

【题目】大家先来看图100。图中运动员的左脚在地面还是右脚在地面？

【题解】乍一看似乎是他右脚在地上——可是也能说他的左脚在地面。无论你多么辛苦、仔细地研究该图，你依然无法准确回答这个问题。制图者模糊了左右腿间的不同，所以根本说不清究竟是运动员的哪只脚着地。大家也许会问："那么运动员到底是左脚在地还是右脚在地？"不好意思，我没弄明白，就连制图者也不清楚——他记不得了。因此这个问题没有答案。

图100

7. 好像很容易

图101

【题目】好好看图101，把它铭记在脑海中并借此勾勒出该图的轮廓。

【题解】我已将交点指明了。可能朋友们在完成曲线一的时候还信心满满，保持状态，之后挥笔开始画曲线二。不，不能画成这样！线条突然显得生硬、笔直，费尽九牛二虎之力居然无法制成图……看似容易的事情，一动手却变得很难。

8. 如何做到

图102

【题目】能否一笔下去就画出一个像图102中所示的那种带两条对角线的正方形？

【题解】不是我打击大家的积极性，这样的方法真的没有，不管你选在何处下笔。

可是，如果发散一下，在构思时稍微复杂一些，便能制作好这样的图（见图103）。原本不可能的事变得简单了起来。

可是，若于图的上下画弧，就如图104那样，这个游戏又无法顺利完成了。不管你如何苦思冥想，都不能一笔画出该图。

其中的奥妙在什么地方呢？如何在制图之先就预知此图可不可以一笔完成呢？

这些图的差别是什么呢？请朋友们认真细致地研究这些图，留意交

图 103   图 104

线或交点。倘若题目要求一笔成就图形，那就预示着该图具有下面这些特性：一般来说若交点出现那就说明到了一条线的终点，同时它也是另外一条线的起点——换句话说，手中的画笔需要在那些点改变方向。这预示着，出现交点时线的数目就应该是偶数——比如2、4、6。当然第一个和最后一个交点除外——这2个点交在一起的线条可以是奇数。

综上所述，我们总结出如下的规律：一般奇数线条交点的顶点最多不超过2个，唯有这样的图形方可一笔勾勒而出，其余顶点均有偶数线条相交。

下面大家和我一起瞧瞧这几张图，图102内，正方形的各角均有3条线交叉——只要一见这种图我们就知道绝对一笔画不出。接着看图103，各顶点处交叉的线条不是偶数吗？那就说明它是可一笔制作出来的。我们再来看图104，其中的4个交点由奇数条线交叉而成，这充分说明此图不可一笔画成。

一旦清楚了这些，大家在遇到类似的制图题时就会事半功倍。朋友们只需稍加分析，动笔前便可知此图是否可以一笔画出。

假若你已经掌握了上面的知识，那就请说说图105能不能一笔绘制出来。

我要告诉大家的这图是可一笔成就的，原因是图内的交点均有4条线交叉而成，大家没注意到交叉线条的数目为偶数吗？再看图106连画图的顺序都一一标出了。

图 105

图 106

第六章

剪纸与排列

1. 拼图

【题目】看图107和图108，然后用图所展示的这5个图片构造一个十字形图案。大家能想象出怎么摆出这一图案吗？

图107　　　　　　　　　　　　　　图108

朋友可别一见题就慌不择路地去解，首先取张纸画出这两张图，接下来就借助一些工具裁剪这些图，并努力寻找解决问题的办法。

【题解】图109便是将5个图形合成一个十字形图案的方法。

图109

2. 将 5 个图形摆成 1 个图形

【题目】用图110中的5块图片构造出一个正方形。

图 110

【题解】看图111了解详情。

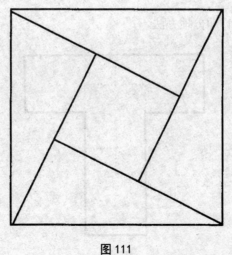

图 111

3. 四等分土地

【题目】图112中有一块以5个一样大小的正方形构造出的土地。怎样才能将它四等分？

第一步，大家可找出纸和笔，画出简图；

第二步，思考解题思路。

图 112

【题解】图113即分地办法。

图 113

4. 锤子与镰刀

【题目】知道"七巧板"吗？它是中国古代留下的娱乐项目，历史较之象棋更悠久，它出现于上千年之前。该娱乐项目的关键之处在于，把一个正方形（材质为木或纸质）照着图114剪成7块，之后用其摆出种种形状。这并不像说起来和想得那么容易。倘若将剪成的那7块图片搞乱，其后让人再摆成正方形，若不参考原图，他也是无法轻易完成的。

图 114

接下来给大家留道题目：用剪下的那7块分别摆出镰刀和锤子，参照图115。要求7个部分不得重合，但每部分都要用上。

图 115

【题解】读者朋友们可以观摩图116，大家看着图就可自己弄明白此题的求解方法。只不过大家得留意，你可要充分开动你的脑筋并展开丰富的联想，便能运用这7块材料，构造出众多逼真的人或物——姿势各异的人、动物、样式不同的建筑……

图 116

5. 拼接正方形

【题目】在图117中的十字形上剪两刀，把它分成4部分，用裁成的图片构造正方形。

图 117

【题解】看图118。首先大伙儿可将十字形裁成2部分，接着把其余的裁成2个部分。

图 118

图 119

裁完后可依照图119摆出正方形的造型。

6. 苹果和雄鸡

【题目】请将如图120所示的苹果裁成4个部分，之后用裁下那些纸片拼成一只公鸡。具体该如何进行呢？

【题解】小伙伴们可以按图121所展示的方法。至于摆公鸡造型的工作具体该怎么进行，大家应该都能想出来。

图 120   图 121

7. 圆桌面

【题目】一个人给木匠拉来了两张用非常珍贵的树木制成的木板，木板中间圆两头扁，而且中间各有一个椭圆的洞，大家看图122。这个人请木匠用这些木板制作一个圆形桌面，要求物尽其用。

图122

尽管这位木匠的手艺众人皆知，可是客户的要求也不低。木匠不敢怠慢，苦思冥想了好久，反复测算了客户带来的木板，终于想到了达到客户要求的制作方法。你想出来该怎么做了吗？

【题解】第一步，分别将2块木板分成了4部分；第二步，以小木块为材料构造一个小圆；第三步，将分割的那些较大的木块围绕小圆拼好，效果如图123所示。如此，圆形的桌面就做好了。

图123

8. 孤岛

【题目】湖上有3座孤岛，图124中用1、2、3为3座岛编了序号。用Ⅰ、Ⅱ、Ⅲ表示湖边的小渔村。有人从Ⅰ驾着小船先是到达了孤岛1和2，之后驶向渔村Ⅱ。在同一时间，又有人驾着一只小船由村庄Ⅲ前往孤岛

3，要求两只船的行进路线不能有交点出现。

这两个人该怎么走呢?

图 124

【题解】见图125，虚线即两个人的行进路线。

图 125

9. 池塘扩建

【题目】图126以正方形代表水池，以4个圆代表树木。如今打算扩大水池的面积至二倍，还要保留树木。

该如何设计施工?

图 126

【题解】改建后的新水池如图127所示。

图 127

10. 硬币6枚

【题目】将币值都为1戈比的6枚硬币按3列排开，要求各列均有3枚硬币。

【题解】大部分人会认为这不可能办到，要按题目要求解答，起码还得再给3枚硬币。然而，请看图128中的排列方式。

图 128　方法一

该图中3列均有3枚硬币。没错，他在排列时将每列的硬币交叉了，可题目里并没有禁止交叉排列。

现在想想看还有没有别的办法（图129）。

图 129　方法二

11. 硬币排列

【题目】现有9枚硬币，要求将它们摆放成10列，而且在每列中只可搁3枚。该如何摆放才能达到题目要求？

【题解】大家细心观察图130，就能发现硬币的具体摆放流程和操作时的一些规则。图中是不是以每列3枚的方式将9枚硬币排成10列？

图130

12. 硬币排列

【题目】要求将10枚硬币在每列放4枚，排成5列。

请大家注意，如同上题隐含的意思一样，其实每列允许互相交叉。

具体应该怎么实施呢？

【题解】居然排成了五角星的形状（图131）。

图 131

13. 九个零

【题目】我们观察图132，9个0被放在了九宫格中。要求用4条直线把全部0划掉。

具体该如何操作呢？

为了大家顺利进行，我再多说一句，一笔就可以一次划掉9个0。

【题解】具体的解题过程请大家认真观察图133中的展示。

0	0	0
0	0	0
0	0	0

图 132

图 133

14. 零

【题目】图134中总共有36个0，眼下要划掉其中的12个，使剩下的横排和竖排的0个数相等。

现在该如何划？

【题解】要将图中的36个0划去12个，余下的0就应为24个，继续推下去，每排就该留4个0。具体的求解过程还请大家看图135。

0	0	0	0	0	0
0	0	0	0	0	0
0	0	0	0	0	0
0	0	0	0	0	0
0	0	0	0	0	0
0	0	0	0	0	0

图134

	0	0	0	0	
0	0			0	0
0		0		0	0
0			0	0	0
0	0	0	0		
	0	0	0		0

图135

15. 架桥

【题目】图136中有2个火柴摆出的正方形。假设小正方形为一座小孤岛，环绕小岛的是水。题目要求以两根火柴为原料于水上架桥。如何做到？

【题解】要架起这座小桥，第一步先应水上斜放一根火柴，让它与大正方形构造一角，接下来就以其为桥梁，架起另一根火柴，说到效果，请朋友们观摩图137。

图 136

图 137

16. 盒子、蜘蛛、甲虫

【题目】8只甲虫和蜘蛛被装进了一个盒子，通过运算得知盒子里的虫子共有54只脚。

那么盒子里分别装有几只蜘蛛及甲虫？

【题解】解决这个问题，要先了解些生物知识——蜘蛛有8只脚，甲虫有6只脚。

现在假设盒子里有8只甲虫，那么就有48只脚（6×8），比题目里的少6只。将一只甲虫换作蜘蛛，如此一来便会多2只脚。于是，这么变换3次，便能求得盒内有54只脚。但这时候，8只甲虫就变成5只了，其余的都换作蜘蛛了。

至此我们得出盒子里有甲虫5只，蜘蛛3只。

大家共同验证一下：5条甲虫长有30只脚，3只蜘蛛便是24只脚，那么盒子里的甲虫和蜘蛛共有54只脚（30+24），计算正确。

当然也可用下面的方法求解该题：

设定盒内有8只蜘蛛。那么，盒子里就会出现64只脚（8×8），比题中多10只。我们将一只蜘蛛换作甲虫，脚的数量减少2只。这样来回互换了5次，盒内脚的数量才达到了54只。简而言之，蜘蛛到最后仅剩3只，其他的都被换为了甲虫。

17. 好朋友

【题目】有人好交友，共有7位好友，朋友一每日夜里都前来做客，朋友二是每隔1日便在夜里来做客，朋友三隔2日便会于夜晚上门做客，朋友四每次都是相隔3日夜里登门拜访，如此循环往复，一直轮到朋友七隔了6日来他家里相聚。

大家算算这几个朋友多久才能齐聚主人家，会常常聚集到一起吗？

【题解】无法求得这些友人共聚主人家所需的天数，可是我们发现了求朋友们齐聚主人家天数的一些规律。他们齐聚主人家的天数要得能整除数字1、2、3、4、5、6、7。可达到这要求的最小的数为420。

也就是说，朋友们一起相聚于主人家须经过420天才可实现。

18. 喝酒

【题目】有人交了7个朋友，一天晚上那7个人都来拜访，好客的主人拿出红酒，于是大家都碰了杯开怀畅饮。

小伙伴们知道杯子互碰了几次吗？

【题解】这些人当中的任何一位都与其余的7个人（主人和他的7个友人）碰杯了；以每2人干杯一次来计，总共碰杯56（7×8）次。但你有没有考虑过，这么一来，就会出现重复碰杯的状况（比如客人五同客人三碰杯后，就会出现又一次计算客人三同客人五的碰杯）。也就是说共碰杯56÷2=28（次）。

19. 火柴

【题目】这道涉及火柴的题历史很悠久，并且很有趣，每一个喜爱益智游戏的人都可以看一看。

具体的题目为：用6根火柴棒摆出4个等边三角形。

要求：不可折断火柴棒。

这道题的有趣之处在于看似根本不能解出来。

【题解】如果企图将它摆成为由4个三角形构造而出的平面图，是根本不可能的。那么，既然摆平面图这条路走不通，就构建个立体图试试。看图138，这样的锥体正好也有4个等边三角形出现了。

图138

20. 渡河

【题目】借助火柴有益于将这道题讲解明白。我们设定头向上的火柴为父亲，以头向下的火柴代表母亲。以2根半截火柴代表2个小男孩。河的两岸分别由两排火柴代表。火柴盒代表漂浮于河上的小船。

这道题是：父母带着2个儿子来到了岸边，想渡河到对岸。虽然他们看到了河边停靠的小船，但是小的船仅能容下一个大人或2个小孩。

可是，这家人还是巧妙地渡到了河那边，知道他们是怎么渡河的吗？

【题解】他们共渡了9次，终于使全家安全到达了河的另一边。现在我们共同来看看渡河的顺序好吗？

目的地河岸	出发地河岸
1. 两个小孩	2. 第一个小孩
3. 母亲	4. 第二个小孩
5. 两个小孩	6. 第一个小孩
7. 父亲	8. 第二个小孩
9. 两个小孩	

利用火柴摆出那家人渡河的情形易于我们大家理解。

21. 一艘船和 3 个人

【题目】有艘船由爱好水上运动项目的3个人共同购置。3个人的愿望是让每个人都可在方便时自由使用船只，而又让船不至于被别人偷走。于是他们一起想了个办法，就是将船用3条铁链锁上，然后为每个人都配备了钥匙，而该钥匙仅能打开3把锁中的一把；但是在不借助另外2个人钥匙的情况下，只要开一把锁就可解开穿好的链子。

他们是怎么做到的呢？

【题解】看图139，原来他们将3把锁互相套在一起。仔细观察就可发现只要开一把锁就可解开由3把锁紧锁的铁链并恢复到原来的状态。

图 139

22. 以书为食物的虫子

【题目】不知道大家有没有听说过书虫，它们会咬透书本的每一页为自己打通通道。现在有一只虫子，它一直由书的卷一的首页咬到了卷二的末页（图140）。

每卷书分别有800页。那么，我想问问大家，你知道这条虫子总共啃食了几页书吗？

大家会说这道题没什么大不了的，可并非大家想得那么容易。

【题解】在大多数人的印象里，该虫子当然是咬透了1 600页书（800+800），即卷一的800页加上卷二的800页，另外还得加上卷一和卷二的封面。实际却并非如此。若是将两卷书毗邻摆于书架：卷一居左方，卷二居右方，卷一的第一页就与卷二的末页挨着，大家看图140就不难理解了。如果大家认真观察图就可分析并计算出，自卷一的首页至卷二的末页总的来讲有几页——两卷书的封页。

图 140

换句话来说，那条虫子仅咬透了卷一和卷二的封面而已，它根本就没啃食过书里面的任何一页。

23. 拿茶具变魔术

【题目】图141是一张桌子，桌子上铺有桌布，桌布上的褶皱将桌子分割成了6块。以下我们就借助它来做个有意思的游戏：首先在桌布的褶皱处摆上茶具（图142）：在其中的三处褶皱那里搁上茶杯，于另外一处摆放茶罐、茶壶。别忘空出一处褶皱。下面我可要拿题目考大家了：互换茶壶和茶罐。可不是没有规则的随意调换，而是应按规定来进行，其目的是让茶壶和茶罐换位。具体的规则有以下这些：

1. 要将茶具置于空缺处；

2. 不能将茶具放在另一个的上面；

3. 一个褶皱处仅能摆一件茶具。

图141

图142

找出纸画出三个茶杯、一个茶罐及一个茶壶，依图中的样式摆放好，然后按照规则挪动纸片，达到让茶壶和茶罐调换位置的目的。这项工作可得有耐力，解决之道只要开动脑筋还是不难发现的。为方便大家记录好的解决之道，我们第一步就要给纸片编码，如此一来我们就可准确记住茶具挪动的顺序，比方说，如果大家将茶壶挪到了图里的空缺处，就应写"5"，若是又将茶罐运动到了空缺处，要写上"4"，依序进行。

题解里详细描述了挪动茶具的步骤和方法，即如何具体地将茶壶和茶罐对调位置。大家不妨将自己的方法与解答比较一下，看看自己答案的正误。倘若大家有足够的耐力，便可抽丝剥茧找出解决之道。

【题解】此题的解法众多，可采用多种方法互换茶壶与茶罐的摆放位置。在这些方法中有些方法需多次挪动茶具，而其中的一些方法挪动茶具位置的次数相对较少。虽然很多人会认为茶具挪动的次数愈少愈好，可是我要提示大家的是茶具挪动的次数比17次少的话就不能解答出该题。挪动17次时的顺序如下：

5→4→3→5→1→2→5→3→4→1→3→5→2→3→1→4→5

第七章

有趣的数字

1. 有趣的乘法

【题目】倘若你没能记住乘法口诀，仅勉强记得和9有关的乘法口诀，那在运算时可借助你的双手。那时你就可将你的手摆到桌面——此时计算器就是你的那双手。

【题解】比方说要求出4×9。在这个时候我们的第4根手指头就能告诉我们最后的结果：其左方有3指，其右方有6指，合并是36，由此得出4×9=36。

我们再运算一道题：7×9=（　　）。

手指七的左方存在6手指，其右刚好有3，那么7×9=63就毫无悬念了。

我们继续，大家算算9×9=（　　）。

指头九的左方刚好存在8个手指，右边仅有1个，那9和9相乘的结果当然是81。

这个既方便又实用的计算器是我们记忆九九乘法表的好助手，大家为此就不必为6×9的结果到底为54或56而纠结了。原因是此时我们便可迅速取出我们的计算器，我们一看在第6根手指左方恰有5个指头，而有4个手指居其右，那么结果自然是54。

2. 年份

【题目】20世纪哪个年份的数字，颠倒一次，再反着写出来，其以阿拉伯数字表示的年份数依旧不变？

【题解】20世纪的1961年是我们所找的那个年份，并且仅此一年。

3. 镜子与年份

【题目】19世纪的哪个年份将其照在镜子里后，数字是其年份的4.5倍？

【题解】只有1、0和8在镜中不会发生改变。也就是说我们欲求的年份只含这几个数字。因其为19世纪里的某个年份，这个年份的前两位自然是18。通过更进一步的分析便可得出需要求的年份就是1818。该年份在镜子的下变为8181，验算一下1818×4.5=8181，计算无误。

该题的答案是唯一的。

4. 求数字

【题目】大家知不知道几乘以几等于7（要求必须为整数）？

既然题目要求2个整数乘积的结果为7，那么，大家审题时就先应将 $2\frac{1}{3}\times3$ 及 $3\frac{1}{2}\times2$ 这一类分数乘法剔除掉。

【题解】这个题的答案再简单不过：它们就是数字1及7。大家试试看还有符合题意的数字吗？

5. 加法和乘法

【题目】（　）+（　）>（　）×（　）（要求两个数都为整数）。

【题解】符合题意的数字组合有很多：

比如数字1与数字3：3×1=3；3+1=4。

数字10和数字1：10×1=10；10+1=11。

通过我们的计算，大家有没有总结出符合题意要求的这些数字所具有的特征：符合题意的两个整数中必有一个是1。

为什么会这样？原来，所有的整数与1求和都会增大，但是所有整数与1相乘都还是它自己。

6. 和与积相等

【题目】（　　）+（　　）=（　　）×（　　）（要求这两个数必须为整数）。

【题解】2+2=2×2，其余的整数都不符合题目要求。

7. 和与积相等的三个数

【题目】（　　）+（　　）+（　　）=（　　）×（　　）×（　　）（要求参与运算的数必须为整数）。

【题解】1+2+3=1×2×3，整数1、2、3就是我们所求的。

8. 积与商

【题目】有没有某个较大的数与某个较小的数求出的商为两数乘积？

【题解】2/1=2×1，1和2就是我们所要求的数字。其实所有比1大的数和1之间都有这种关系。

9. 星期五

【题目】一周之内有7个周五吗？当然没有。可是，2月份有5个周五吗？

【题解】一般而言，若遇到4年一个闰年的年份的2月时，也许就存在5个周五（闰年的2月是29天）。简而言之，假设2月1日恰好为周五，于是：

2月8日为第二个周五；

2月15日为第三个周五；

2月22日为第四个周五；

月末的2月29日为第五个周五。

10. 求得20的方法

【题目】观察这3组数：

$$1 \quad 1 \quad 1$$
$$7 \quad 7 \quad 7$$
$$9 \quad 9 \quad 9$$

现在要求划掉其中的6个数，并要保证留下的数字之和为20。

如何解答？

【题解】我们不妨这样来一试（我们以数字0取而代之那些需要被删除的数字）：

$$0 \quad 1 \quad 1$$
$$0 \quad 0 \quad 0$$
$$0 \quad 0 \quad 9$$

结果为11+9=20。

11.11的游戏

【题目】这个游戏得由2个人来共同完成。找11粒坚果（也可用瓜子或火柴）摆到桌面。请两个人中的其中一人抓1、2或3粒坚果——允许个人自由选择。另一个人也自愿抓1、2或3粒坚果。之后第一个人再次抓坚果，以此循环往复，抓到最后一粒坚果的人失败。

想在游戏中取胜，你有没有想过自己该怎么做吗?

【题解】若你第一个抓坚果，你只需抓2粒，余下9粒。你无须了解第二个人抓走几粒坚果，你只需留下5粒坚果即可。然后不管另外那个人从那5粒坚果中抓走几粒，你只管留1粒——这么一来你就是那个胜利者。

12. 数字 1 至 7

【题目】列出1至7之间的数字：1、2、3、4、5、6、7。

随意以+、−号把这些数字相连，要怎样才能得出40?

不难想到12+34−5+6−7=40。

现在来看看可得出55的组合方式。

【题解】这道题的解法不限于一种，实际上有3种方法：

方法一：123+4−5−67=55;

方法二：1−2−3−4+56+7=55;

方法三：12−3+45−6+7=55。

13. 几个"几"

5个1

【题目】以5个1得到100。

【题解】用111减去11便可得到100。

111−11=100

5个5

【题目】用5个5得出的值为100。

【题解】用三个5相乘的结果减去两个5相乘的值便能得到100。

$5 \times 5 \times 5 - 5 \times 5 = 125 - 25 = 100$

5个3

【题目】以5个3算出为100的值。

【题解】33和3相乘加上3除以3等于100。

$$33 \times 3 + \frac{3}{3} = 100$$

5个2

【题目】用5个2计算出28。

【题解】$22 + 2 + 2 + 2 = 28$

4个2

【题目】此题难度加大了,用4个2得到111。

【题解】用222与2相除得出了111。

$$\frac{222}{2} = 111$$

4个3

【题目】以4个3计算出12。

$3 + 3 + 3 + 3 = 12$

如何用4个3求出15和18这两个值呢?

$3 + 3 + 3 \times 3 = 15$

$3 \times 3 + 3 \times 3 = 18$

如何以4个3求出5呢?

$$\frac{3+3}{3} + 3 = 5$$

现在试着用4个3得出下面的结果：1～10（关于数字5的算法大家已了然于胸）。

【题解】$\dfrac{33}{33} = 1$；

$$\dfrac{3}{3} + \dfrac{3}{3} = 2；$$

$$\dfrac{3+3+3}{3} = 3；$$

$$\dfrac{3 \times 3 + 3}{3} = 4；$$

$$(3+3) \times \dfrac{3}{3} = 6；$$

$$\dfrac{3}{3} + 3 + 3 = 7；$$

$$3 \times 3 - \dfrac{3}{3} = 8；$$

$$3 \times 3 - 3 + 3 = 9；$$

$$3 \times 3 + \dfrac{3}{3} = 10。$$

虽然我们在解答这些题时都只用了一种方法，但这并不表明只有这唯一的一种求法，大家可以去探索其他的解法。例如，可用如下的办法得到数字8，就是 $\dfrac{33}{3} - 3 = 8$。

4个4

【题目】假若你非常顺利地求出了以上的题目，而且还对这样的计算意犹未尽，可接着计算用4个4求出数字1～10。当然了，这要比用4个3求解更难。

【题解】$\dfrac{44}{44} = \dfrac{4+4}{4+4} = \dfrac{4 \times 4}{4 \times 4} = 1$

$$\dfrac{4}{4} + \dfrac{4}{4} = \dfrac{4 \times 4}{4 + 4} = 2；$$

$$\dfrac{4+4+4}{4} = \dfrac{4 \times 4 - 4}{4} = 3；$$

$$4 + 4 \times (4 - 4) = 4；$$

$$\frac{4 \times 4 + 4}{4} = 5 ;$$

$$\frac{4 + 4}{4} + 4 = 6 ;$$

$$4 + 4 - \frac{4}{4} = \frac{44}{4} - 4 = 7 ;$$

$$4 + 4 + 4 - 4 = 4 \times 4 - 4 - 4 = 8 ;$$

$$4 + 4 + \frac{4}{4} = 9 ;$$

$$\frac{44 - 4}{4} = 10 。$$

第八章

揭开错觉的面纱

1. 绳扣

【题目】说起这个游戏，它玩起来颇有意思，若是你表演给小伙伴看，他们绝对会对你刮目相看的。

【题解】找根长30厘米的绳子，打上活结（见图143），于该活结之上再次打活结（见图144）。大家也许会有这种想法，倘若当下拽紧绳子，便会出现两层结实的结。可是，现在先不要激动，我们要将该绳结制作的过程再重复一次：像图145所示的那样，拿起绳子的另一头自两个活结内穿进去。

该预备的业已就绪，下面就要进入该游戏的关键之处了。我们手执绳子一头，请一位玩伴握紧另一头。下面所要出现的现象会出乎大家的意料：位于绳子上的并非是繁复杂乱的活结，而是以前的绳扣彻底消失了：你和玩伴手执的只不过是一根光滑无比的绳子！打好的活结不知道跑到哪儿去了……

假设大家想非常完美地表演该游戏，必须严格依照图145所示的形状结上绳套，唯有如此，方可在外力的作用下打开绳套。不打无准备之仗，为使自己在表演游戏时游刃有余，拿捏得当，就请大家细细研究书中的图吧。

图143　　　　　　　　图144　　　　　　　　图145

2. 巧脱身

【题目】照着图146拿绳子捆住同学A、B的手：拿绳子一一缠绕在两位同学的手腕上，紧接着将绳子穿插起来，确保它们不能脱离。从表面上看两者似乎无法分开。可实际上却有种不用割断绳子便可将其分隔开的方法。

图146

【题解】以下我们就具体讲讲这个办法。照着图146，于捆绑A同学的绳子上取一点b，用手紧握b点，以图上箭头所示方向，把它从B同学手中的绳环穿过去。在捆绑同学A的绳子快钻完时，同学B立马把捆绑着的手顺着扯出的绳套穿过去，紧接着拽捆绑A同学的绳子，如此一来两位同学就可成功脱身了。

3. 靴子

【题目】大家跟着我做些手工：找张厚一点儿的纸，裁出一个纸框、一双纸靴及一个椭圆纸环（其大小和形状如同图147中所展示的那样）。椭圆纸环的内环大小同于纸框宽，可是它窄于靴筒。若是有人让你按图148的样子把靴子吊到纸框上，你会认为这很离谱。

图147

图148

不过，若是大家肯开动脑筋的话，就不会被难

图 149

倒。那到底有什么办法可以达到目的呢？

【题解】做好这个游戏的关键之处在于把该纸框按图149那样2等分（以折叠方式完成），把椭圆纸环穿进重合着的 a、b 那两头并到底；拿靴子进入 A、B间的空缺处，折好靴子，挪动靴子至纸框折叠的地方，并挪动椭圆纸环，直至其套住靴子。

铺开纸框后就可以了——我们达到了题目要求。

4. 纸环和木塞

【题目】有被绳子绑好的两个木塞挂在纸环上，绳子上挂有金属质地的环（见图150）。要求我们从纸环之上拿下木塞，该如何进行？

乍一看似乎很难，倘若大家还记得我们前面所解答的那道题的话，就会信心满满地拿下这道题。

【题解】道理很容易：对折纸环（见图151），之后按照图示挪走金属环，很容易就能拿掉木塞了。

图 150   图 151

5. 扣子

【题目】看图152，用剪刀将一张厚纸片裁开两道缝，然后在下面那头剪出一个圆洞A，洞的直线长度较之那两道小矩形间的长度稍长些。找根绳子穿进圆洞A和那两道切口，接着在绳子的两头各绑一个无法穿过圆洞A的纽扣（比洞口大）。

如何拿下纽扣？

【题解】第一步，把纸片上下对折（仔细折，要让纸片的上下各部分完全重合）；第二步，让细纸条钻过圆洞，让纽扣从纸带打的活结里钻过去；第三步，铺开纸片，纸片就与纽扣分开了。

图152

6. 神奇纸夹

【题目】找两张长7厘米、宽5厘米（跟我们用的记事本的纸大小相近）的纸并分为A、B（见图153）两部分，再预备3条带子（找不到就以纸条取代），带子长6厘米（较之纸片宽1厘米）。接下来照着图中的样子，把带子固定于A、B两张纸上：把带子a、b、c端折起，分别固定于A、B的背面，d、e、f那头固定于内侧。

图 153

前期工作已结束，纸夹做好了。现在我们可用该纸夹来玩一个让人惊讶不已的游戏——"神奇的纸夹"。我们先拿张小纸片，请一位小伙伴写上自己的名字，如此一来你就无法作弊了。你把小纸片搁到A的两根带子下，并合上纸夹，过一会儿翻开——小纸片竟然消失了，跑到那头的带子下去了！

游戏的关键在于：在你关上纸夹之时，正是在反方向上翻开了。蕴含其中的原理如此容易，可是蒙在鼓里的观众一时还无法看出这里的玄机。

7. 用直尺玩游戏

图 154

【题目】左手拿一把直尺，右手紧握左边的手腕。而后伸开左手指，右手食指固定直尺于左手心（见图154）。倘若你够机敏，就会给观众留下直尺像被某种神奇的力量控住着而贴在左手上，没有几个聪明人可以识破其中的奥秘。

8. 糖块和茶碗

【题目】大家看，图155中有3个茶碗，然后我们从装有糖块的盒子里取出10块糖，邀请现场的人给每个茶碗盛上奇数块糖。

有人提出异议，告知你这个任务无法完成："没有加起来为10的3个奇数。"然而这个问题其实可以解决：把5块糖放入碗一，把3块糖放入碗二，将剩下的2块糖装放入碗三，接着把碗二放到碗三里。

结局就是：碗一里放有5块糖——不用多说，大

图 155

家都知道5是奇数；碗二装有3块糖——3当然是奇数。那么我们再来看碗三，在它里面本来盛有2块糖，然而装有3块糖的碗二也在其中，于是碗三里的糖块数为5，自然也是奇数。

9. 一册书和一页纸

【题目】图156中是一册书与一页纸，现在让我们用那页纸当支架让书离开桌面几厘米，该如何操作？

图 156

【题解】这其实并不难。先将那页纸4等分，而后把它们都分别卷成圆柱形，效果如图157所示。接下来只需把书搁到4个圆柱形之上便可，如此就满足了题目的要求。

图 157

10. 最矮的人与最高的人

【题目】假若为大家表演小矮人的游戏，也许会让大家惊讶不已：小矮人不但可以和你讲话，他还会舞动手臂，而且还能迈步前进——简直跟真人一样（见图158）。

【题解】此游戏奥妙如图159：他是一个接起来的小矮人——你的脑袋，你套着靴子的手以及你助手的胳膊组成了这么一个小矮人。宽大的演出服装掩藏了这其中的奥妙。

采用同样的手法还可造个大个头儿的人出来（图160）。

图158   图159   图160

第九章

有趣的实验

1. 盲区

【题目】现在挪开图161，直至它到我们瞳孔间的距离和我们小指及拇指的间距相同时为止。然后紧闭左眼，右眼直视图中的十字。大家是不是发现白色的圆圈消失了，看不到了？

图 161

因为我们的眼睛有盲区，那个区域对光不怎么敏感。若有东西的光不幸落入那片区域，我们就看不到物体。每个人的每只眼睛都有盲点。

2. 实验材料仅为一根木棍

【题目】如图162所示，大家找根木棍，将两根食指分别放在木棍两头。

接下来大家将两根食指同时向木棍中间挪动，直至两根食指贴到一起为止，此时大家会看到该木棒纹丝不动——有位科学家解释说，此时手指的位置正好是木棒重心。而且我们还会有一个体会——尽管我们奋力将手朝木棒的中间挪，可是我们两只手的运动并非像我们想象中那样移动，简而言之，我们的双手不是同时发生位移，而是一只手先挪动，另一

图 162

只手紧随其后——左手先动，右手紧接着位移，之后又是左手……

　　游戏开始时大家的食指不论位于木棒的何处，做完实验时，它们只会出现于同一位置。即使你费了九牛二虎之力，也无法让你的食指停在别的地方。

3. 漂着的大头针

　　【题目】有什么办法让大头针浮在水面，而不沉入水底？

　　一般人都会认为不可能，甚至有人会觉得异想天开。然而，假若大家懂得如何入手，就可以做到。首先拿张卷烟纸放到水面上，把大头针放在上边。现在纸和大头针自然都在水面漂着。然后用另一枚大头针把卷烟纸的边缘往水里按，一定要小心谨慎。如此一来卷烟纸定会沉到水底，可是倘若你的动作足够轻，大头针依然会浮在水面上。

4. 一试才知道

　　【题目】现在观察图163，找一张与火车票大小相同、材质也一样的纸，将其放在一根手指上，接下来在纸片上放一枚以前的2戈比或者5戈比的硬币。那么我们如何能在挪开纸片的前提下让硬币停留在手指上？

　　【题解】似乎不太可行，然而还是先来试试：用点力气把纸片轻轻地弹出去。我们会看到，纸片真的会飞到一边去，而硬币依然稳居指尖。

　　也许一次完成不了这个游戏，多试几次即可。

图163

5. 结实的火柴盒

图164

【题目】接下来，参照图164把一个火柴盒里面的部分放到火柴盒外面的部分上。然后请一个玩伴朝火柴盒挥拳击打，会出现什么后果呢？

【题解】没有做过该实验的朋友可能会觉得火柴盒不堪一击，会被打坏。然而并不是这样。虽然火柴盒会飞出去，可是我们将它们拿起来后会发现它们依然完好。火柴盒有一定的弹力，因此不会被我们一拳打碎——它的两个组成部分虽有弯曲，却没被击破。

6. 手脚并用

图165

【题目】猛一看，大家会觉得这个游戏很容易：以我们的右手和右脚同时不同方向画圈（见图165）。

【题解】试过之后才发现其实似乎并不简单。

7. 左右手

【题目】这个游戏跟上面的游戏类似。这次要求边用左手轻击自己的左胸，边同时拿右手自下而上抚摸自己的右胸。

【题解】试试你就会发现，这个游戏远非我们所想得那么简单，刻苦训练方可成功。

8. 不是那么容易

【题目】图166是一种很有意思的游戏。将自己两根食指挨在一起，然后让其他同学拽你的双肘，将你的手指分开。

【题解】这个真的很难吗？事实上，它只看似容易——但是大家试过便会得知，即使你的同学比你的力气大，也分不开你的手指。你用一点点力，便可抵消掉同学全部的力量。

图166

9. 1 根火柴托 11 根火柴

【题目】照图167把12根火柴摆好，接下来拎最下面那根火柴并将全部火柴抬起。

【题解】试过之后便知，倘若我们比较机灵，完全可以做到，只需一定的机巧，便可仅靠一根火柴带起11根火柴。

这个游戏也许并非一次成功，因此也需要一定的耐心。

图167

10. 简单还是难

【题目】大家做过用两根火柴棒夹住另一根火柴棒的尾巴并拎起来的游戏吗（见图168）？

【题解】看起来很简单。然而做过这个游戏之后就会发现，要完成该游戏需要娴熟的技巧和很大的耐心。用力过猛，火柴就会转动。

图 168

第十章

好玩的数学题

1. 祖孙三代

【题目】"大爷，您的儿子多大？"

"我儿子的岁数若以周来计，便是我的孙子以天计的年龄。"

"那您的孙子几岁？"

"我孙子的岁数就是我年龄按月计。"

"那您贵庚？"

"我和我儿子及孙子的岁数之和为100。你知道，我们各多大吗？"

【题解】这并非难事。现在来解：我们发现孙子的岁数为儿子的 $\frac{1}{7}$，而孙子的岁数仅为爷爷的 $\frac{1}{12}$。于是我们不难看出，当爷爷12岁时儿子7岁，孙子1岁。那么祖孙3代人的年龄之和为20——真实年龄之和为其的5倍。换而言之，爷爷应是60岁，儿子35，小孙子刚好5岁。他们的年龄之和刚好为60+35+5=100岁。

2. 有几个孩子

【题目】我家有儿3对，每儿均有1姐妹。我的孩子一共有几个？

【题解】通过认真审题并加上细心计算就不难得出7这个答案，即6男1女（也许有人会得出12，然而若有12个孩子，每个儿子将会有6个姐妹而不是1个姐妹）。

3. 女儿和儿子谁大

【题目】再有两年，我儿子的年龄就会变成两年前的二倍；三年之后，我女儿的年龄就会变为三年前的三倍。

现在猜猜看儿子的年龄大还是女儿的年龄大？

【题解】他们俩一样大，都是6岁。不信我们一起来算算：

$$\frac{6+2}{6-2}=2 \ ; \qquad\qquad \frac{6+3}{6-3}=3 。$$

简单的计算就可得到结果：再有2年，男孩子就较2年前多出4岁，也就是他2年后的年龄就为2年前的2倍，简而言之，2年前他4岁，那么此时他的年龄就是4+2=6（岁）。当然经过计算小女孩也为6岁。

4. 究竟有几个兄弟和姐妹

【题目】我的兄弟、姐妹的个数相同。我一个姐妹的姐妹数为她兄弟数的2倍。

试问我们一共兄妹几个？

【题解】共有兄妹7人：我自己、兄弟4个、妹妹2人。各位哥哥都有弟弟2个、妹妹2个，各个妹妹均有4位哥哥和妹妹2人。

5. 两位父亲和两个儿子

【题目】两位父亲和两个儿子早餐时一共吃了3个鸡蛋，可是他们每人却都吃到了1个鸡蛋。这到底是怎么回事呢？

【题解】原因是用早餐的不是4人而是3人，即爷爷、儿子与孙子。爷爷与儿子为一对父子，儿子和孙子是一对父子。这就是两位父亲和两个儿子。

6. 蜗牛爬树

【题目】有只蜗牛欲爬上15米高的树，它每天爬5米，但是夜里又会滑下4米。

这只蜗牛得用几个日夜才能爬上树梢？

【题解】通过计算可知蜗牛得经过10天10夜另外加一个白天就能爬到顶。10个白昼蜗牛爬10米，1米的里程是他每天的任务。在末尾的那个白天，他爬行5米到树顶（一般人都会说需要15个昼夜）。

7. 锯柴火

【题目】几个砍柴的工人欲将一根5米长的木头分成1米长的柴火。他们用锯切割一次耗时 $1\frac{1}{2}$ 分钟。那么将这根木头分成1米的几段得花多长时间？

【题解】可能会有人立马会回答是 $1\frac{1}{2} \times 5 = 7\frac{1}{2}$ （分钟）。然而这是错的，最后一回锯下的是2段1米长的柴火。换而言之，将一根5米长的圆木分割成1米长的柴火需要锯4次而不是5次，那么花费的时间为 $1\frac{1}{2} \times 4 = 6$ （分钟）。

8. 农民进城

【题目】有位农民进城，刚开始选择乘火车，走了路程的 $\frac{1}{2}$，花费的工夫是步行的 $\frac{1}{15}$。剩余的一半里程农民用牛作为交通工具，这样的话他用去的时间就为步行的 $\frac{1}{2}$ 。现在要问大家的是，和一直步行相比，农民节约了几个小时？

【题解】其实他非但没有省出时间，反而浪费了不少时间。他骑牛所行的那 $\frac{1}{2}$ 里程跟他步行所花的工夫一样多。他耗掉的时间为他以双腿走完前半路程用时的 $\frac{1}{15}$ 。

9. 几只乌鸦，几根枯枝

【题目】

一群乌鸦远飞而至，

歇脚于枯树枝。

若每根枯枝之上，

落着一只乌鸦，

便会有一只乌鸦，

无树枝可攀缘；

若每根枯枝之上，

停歇两只乌鸦，

就会有一根枯枝，

无乌鸦歇脚。

大家可知共有乌鸦多少？

枯枝几根？

【题解】看我们怎么来解这道题：若依第二种假设，每根枯枝上停歇2只乌鸦，那么，会比假设一多几只乌鸦？大家都算出来了，如果一根枯枝停1只乌鸦，就少一根枯枝；而倘若每根枯枝上落2只乌鸦的话，就会缺2只乌鸦。假设二较之假设一富余3只乌鸦；依假设二每根枯枝上就比假设一多1只歇脚的乌鸦。由以上分析不难看出枯枝有3根。假设每根枯枝上停歇1只乌鸦，便会有乌鸦3只，多出来1只乌鸦，自然有4只乌鸦。

如此一来，这道题的答案便是共有3根枯树枝和4只乌鸦。

10. A、B 和苹果

【题目】A对B说："如果你能将你的苹果给我的话，你的苹果就是我的 $\frac{1}{2}$。"

B对A说："假如你能把你的苹果送给我，我俩的苹果不就一样了吗？那样岂不更好！"

他俩各有多少苹果？

【题解】我们来具体分析一下，若A送给B一个苹果，那么，A和B的苹果就相同，如此一来我们不难看出，A比B多2个苹果。若B赠一个苹果给A的话，两人就相差4个苹果。此时B的苹果是A的 $\frac{1}{2}$，那么，A的苹果就为B的2倍，此时B有4个苹果，A有8个。最初A的苹果是8-1=7（个），而B的苹果就是4+1=5（个）。

倘若A将自己所拥有的苹果赠予B一个，就变成了：

7-1=6（个），5+1=6（个）。

该时段A就会拥有与B同样多的苹果。

至此，我们得出结果，A有7个苹果而B有5个苹果。

11. 皮带扣与皮带的售价

【题目】一条皮带外加皮带扣售价68戈比，皮带扣比皮带便宜60戈比。那么皮带扣值几戈比？

【题解】可能会有人不假思索地说是8戈比。那就错了。这一结果显示出来的是皮带扣比皮带便宜52戈比并非是60戈比。

实际上皮带扣的售价应为4戈比。如此一来，皮带的售价为68-4=64（戈比）——皮带扣比皮带便宜60戈比。

12. 各种器皿和玻璃杯

【题目】图中的架子上搁着三排大小不一、总容量却一致的器皿（见图169）。现在，最小的器皿可容下一只玻璃杯。那另外两种器皿可放下几个玻璃杯？

图 169

【题解】我们通过将一三两层的器皿进行相比，发现第三层较第一层多出一个中等型号的器皿，但并无小器皿。因每层器皿的容量一致，由此，3个小器皿的容量之和就该与1个中号器皿的容量相同。这样一来推出中号器皿能放3个玻璃杯。之后将第一层架子上的中号器皿的容量与玻璃杯进行换算，就可变成大型器皿和12个玻璃杯。而将这个值与第二层上的器皿的容量相对比，就会发现1个大型器皿能放6个玻璃杯。

13. 数正方形

【题目】图中共有几个正方形（见图170）？25个？不对！是有25个小的正方形，可是大家别忘了另外还有由4个小正方形构成的正方形，而且这样的正方形不在少数。另外，也有9个正方形形成的正方形，除此之外由16个小正方形也可构成正方形。而且由25个小正方形形成的大图形不也是正方形吗？

图 170

那么究竟是多少个正方形呢？

【题解】经过细数共有：

小正方形25个；

9个由9个小正方形构成的正方形；

4个由16个小正方形形成的正方形；

1个由25个小正方形形成的正方形；

共39个。

即此图内有5种规格的39个正方形。

14.1平方米 =1 000 000 平方毫米

【题目】1平方米=1 000 000平方毫米，阿辽沙首次听到时感到难以置信。

"这怎么可能呢？"阿辽沙说："我手里有块有着方格的纸，每个格子都有1毫米，长与宽都为1米，照此说来我的这块方块纸上就会有1 000 000个长与宽都为1毫米的方格子？我有点不敢相信！"

"你数数看？"

于是阿辽沙下定决心好好数数看到底有几个方格。周日一到，阿辽沙一大早就开始数了起来，他边数边为刚数的小格子做标记，每秒就可为一个方格做好标记，非常顺利。

阿辽沙做事非常认真，他很用心地数着方格，顾不得抬头看周围的一切。那么大家对阿辽沙这么做有什么想法？他能否在一天之内完成这项工作？

【题解】阿辽沙并不能在一天之内数完这些小格子。就算他昼夜24小时不停歇也不可能数完，只能数出86 400个格子。假设阿辽沙连续不眠不休地数，也得10多天的时间才能数完，而若他每日只用8小时干这件事情，那数完就得用一个月。

15. 均分苹果

6个小朋友相约来米沙家玩，米沙的爸爸打算用苹果款待这些造访的小客人，可是他发现家里只有5个苹果，这让他一时不知所措，他要公平地对待每位小客人，他可不希望惹得小客人不欢而散。于是他想到了将苹果切块平均分给小朋友，但是他又觉得切成小块似乎有些不妥，他希望将每个苹果最多切成3块。可是这时麻烦又来了：若将5个苹果切块平均分给6个人，那么每个小朋友最多能分3块。

米沙的爸爸该怎么办呢？

【题解】方式如下：那就是将3个苹果2等分，这样每个小朋友就可分得1块；接着将剩余的2个苹果3等分，如此一来每位小朋友又都可再分到1块苹果。换句话说，每个小朋友可吃到1个苹果的 $\frac{1}{2}$ 和另一个苹果的 $\frac{1}{3}$ ——简而言之，每个小朋友都会得到同样多的苹果。

同时，没有一个苹果进行过3次以上的切分。

16. 均分蜜和桶

【题目】一间库房有7桶蜜蜂采的蜜，还有另外7个桶只装了一半，最后有7个桶空空如也。这些蜜由3个合作社共同购得，现在大家想把这些蜜和桶均分。

那么：在不将一桶蜜倒入另一桶的情况下，该如何均分这些蜜？

如果还有别的办法，那么也请写出来。

【题解】通过认真读题仔细分析后，我们不难得知，3个合作社共买了21个桶，现有的蜜为 $7+3\frac{1}{2}=10\frac{1}{2}$ （桶），简而言之，3个合作社分别得到$3\frac{1}{2}$桶蜜和7个桶。就这道题而言，可用两种方法来解答它。

方法一：各社可得到的蜜和桶分别为：

合作社一	装满蜜的桶 3 个 装有一半蜜的桶 1 个 空桶 3 个	分到$3\frac{1}{2}$桶蜜
合作社二	装满蜜的桶 2 个 装有一半蜜的桶 3 个 空桶 2 个	分到$3\frac{1}{2}$桶蜜
合作社三	装满蜜的桶 2 个 装有一半蜜的桶 3 个 空桶 2 个	分到$3\frac{1}{2}$桶蜜

方法二：各社可得到的蜜和桶分别为

合作社一	装满蜜的桶 3 个 装有一半蜜的桶 1 个 空桶 3 个	分到$3\frac{1}{2}$桶蜜
合作社二	装满蜜的桶 3 个 装有一半蜜的桶 1 个 空桶 3 个	分到$3\frac{1}{2}$桶蜜
合作社三	装满蜜的桶 1 个 装有一半蜜的 5 个 空桶 1 个	分到$3\frac{1}{2}$桶蜜

17. 邮票

【题目】有人到邮局花了5卢布买了50戈比、10戈比和1戈比的3种规格的邮票共100枚。

那么，这3种规格邮票他分别买了几枚？

【题解】这道题的唯一答案为：

此人共购得：1枚50戈比的邮票，39枚10戈比的邮票，60枚1戈比的邮票。

一共是1+39+60=100（枚）邮票。

而此人为购买邮票共花费了50+390+60=500（戈比）。

18. 米沙和猫及同学

【题目】有个叫米沙的人非常爱小猫咪，看到别人丢掉的小猫就抱回家收养。米沙本人也养有一些宠物猫，可是他不愿意将自己养了多少猫的信息透露给别人，甚至连自己的同学也不行，他怕同学知道后嘲笑他。一天，一个同学问道："你家共有几只猫？"

"没几只。"米沙很不情愿地答道，"一共是全部猫的 $\frac{3}{4}$ 加上一只猫的 $\frac{3}{4}$。"

同学还以为他在逗他们玩。没想到米沙竟然给了他们一道题目，来试试看吧。

【题解】小猫数量的 $\frac{1}{4}$ 为一只猫的 $\frac{3}{4}$，换句话说，全部小猫 $=\frac{3}{4}\times 4=\frac{12}{4}$，简而言之，米沙养了3只小猫。

其实，$3 \times \frac{3}{4} = 2\frac{1}{4}$，也就是说余下的猫为$\frac{3}{4}$只。

19. 硬币问题

【题】一个人一共有42枚硬币，分别是1卢布、10戈比和1戈比面值，共价值4卢布65戈比。

三种面值的戈比各是多少枚？这道题有几种答案？

【题解】这道题有如下4种答案：

	答案1	答案2	答案3	答案4
卢布	1	2	3	4
10戈比	36	25	14	3
1戈比	5	15	25	35
硬币总数	42	42	42	42

20. 出售鲜蛋

【题目】一位大婶拎着鲜鸡蛋去集市上出售。

不久来了一个顾客买走了所有鸡蛋的$\frac{1}{2}$加一个鸡蛋的$\frac{1}{2}$。一会儿又来了位顾客买走了其余鸡蛋的$\frac{1}{2}$加$\frac{1}{2}$个鸡蛋。

后面又来了一位顾客购买了一个鸡蛋。

于是，大婶的鸡蛋就全部售出了。

大婶总共卖掉了多少个蛋？

【题解】通过阅读题目，我们不难发现大婶带到集市出售的鸡蛋数量为奇数：全部鸡蛋的 $\frac{1}{2}$ 为小数，与 $\frac{1}{2}$ 个鸡蛋加总就凑成整数了。那么，到底有多少个蛋呢？我们从题尾倒过来研究它。中间来的顾客买走了余下鸡蛋的 $\frac{1}{2}$ 及那 $\frac{1}{2}$ 个鸡蛋后就只剩1个鸡蛋。即1个鸡蛋+ $\frac{1}{2}$ 个鸡蛋=第一个顾客买完后所剩鸡蛋的 $\frac{1}{2}$ 。由此得知，第一个顾客买完鸡蛋后，大婶篮子里的鸡蛋为 $1\frac{1}{2}+1\frac{1}{2}+\frac{1}{2}=$ 农村大婶所有鸡蛋的 $\frac{1}{2}$ 。这下我们就得知那位农村大婶一共带了 $3\frac{1}{2}+3\frac{1}{2}=7$ （个）。

21．受骗

【题目】两位大婶上集市上卖鸡蛋，她俩各有30个蛋。其中的一位大婶以两个鸡蛋5戈比的价格出售，而另一位大婶以3个5戈比的价钱出售。鸡蛋很快就卖完了，两位大婶不会算数，便请路人帮她们数钱。路人说："你们俩一个按2个鸡蛋5戈比的价格卖，另一个以3个5戈比的价格卖。也就是说，你们两个用5个鸡蛋换了10戈比。你们俩合起来有60个蛋，就是12个5个鸡蛋。这就意味着，你俩总共卖了120戈比——1卢布零20戈比。"

说完路人就将1卢布和另外的20戈比交还两位大婶，而将剩下的5戈比装进了自己的口袋。

大家想想被路人装进自己口袋的5戈比来自何方？

【题解】路人的算法显而易见是错误的。依他发明的算法，按2个鸡蛋5戈比3个鸡蛋5戈比卖出时，两位大婶的收入相等——鸡蛋的平均售价都为2戈比一个。但是，实际的情况是要价2个鸡蛋5戈比的大婶共卖出了15对鸡蛋，那位要价3个鸡蛋5戈比的大婶售出了10对鸡蛋。定价高的卖出的鸡蛋多，那么，平均价格就比2戈比要高。她们的真实收益应当为：

$$\frac{30}{2}\times5+\frac{30}{3}\times5=1卢布25戈比。$$

22. 各种挂钟

【题目】有个挂钟在3秒内敲了3下，那么挂钟敲7下花费几秒？

【题解】挂钟3秒钟敲了3下，这3秒钟可划分为2个时段，而这2个时段延续了3秒钟，由此我们推算出每个时段的延续时长便为$1\frac{1}{2}$秒。此时挂钟敲了7下，这个时间应该分为6个时段，那么，挂钟敲7下用的时间就该是$6 \times 1\frac{1}{2} = 9$（秒）。

23. 可爱的宠物猫

【题目】有户人家养大了几只一窝同时产的小母猫，如今当年的母猫个个都做上了妈妈，产下了幼崽。猫的重量有这么个关系：

4只母猫和3只幼崽重15千克；

3只母猫和4只幼崽重13千克。

现在要求每只母猫和每只幼崽的体重，我事先告诉大家，母猫的体重一样，而且幼崽的体重也相同。

【题解】看一下题干所提供的数据：

4只母猫与3只幼崽重15千克；

3只母猫与4只幼崽重13千克。

其意味着，7只母猫与7只幼崽的体重为28千克。

根据以上我们不难得出一只母猫与一只幼崽重4千克；由此我们很快便可推算出4只母猫与4只幼崽的体重为16千克。

大家对比一下：

4只母猫和3只幼崽重15千克；

4只母猫与4只幼崽重16千克。

由此我们更清楚了：每只幼崽的体重是1千克，这下就会很快推算出每只母猫的体重为3千克。

24. 9 个小格子

【题目】这是道娱乐型的题目——这道题目寓教于乐，适合于做游戏时用。

找8根火柴，用它们围成一个由9个小块构造的正方形，然后在各个小方块里放上硬币，要求每行每列正好是6戈比（见图171）。

1	2	3
2	③	1
3	1	2

图 171

现在要求大家在不挪动圈内硬币的条件下，对硬币重新进行排列组合，结果依然要保持各行各列的硬币值不变，仍为6戈比。

【题解】也许有人会说这是不可能的。那么来试一试：只需将最下那行的硬币整体上移（见图172）。这种方法完全符合了题目的条件。

3	1	2
1	2	3
2	③	1

图 172

第十一章

猜一猜

1. 左手还是右手

【题目】这道题目要求我们的一手握2戈比的硬币，一手握3戈比的硬币。不要告诉我真实情况，但若按以下的要求去执行，我就会知道你手里究竟是哪个硬币：用3乘右边手里的硬币数值，然后用2乘左边手里的硬币数值，两个相乘的结果相加，再告诉我这个数的奇偶。

只要告诉我这个结果，我就能说出哪只手持有的是哪种硬币。

打个比方吧，假若2戈比的硬币放在右手，而3戈比的硬币放在左手，那么：

$2×3+3×2＝12$。

此时计算值为偶数。

我便会脱口而出："右手中是2戈比硬币，左手中是3戈比硬币。"

我是如何做到的？

【题解】原因很简单：无论何数与2相乘均为偶数；3与偶数相乘的结果为偶数，3与奇数相乘的结果为奇数。偶数加偶数是偶数，奇数加奇数还是偶数，偶数加奇数才是奇数。大家动手试试就知道了。

倘若把以上特性运用到下面的题目中，即在币值为3戈比的硬币和2相乘时，才能得到偶数值。换而言之，即在3戈比的硬币位于左手中时结果为偶数。而若3戈比硬币在右手里时，那么以3与其相乘的结果就为奇数。所以，我们才可据运算值的奇偶性分析左右手的硬币。

当然了，这如魔术般神奇的表演手法对于其他面值的硬币也同样适用，如2戈比和5戈比，10戈比和15戈比，15戈比和20戈比。同样地，与以上数字相乘的值既可为5与2，又可为10与5。

用其他物品进行形象化的呈现亦是可行的，比如火柴。不过在此种情形下展开猜猜看活动时，参与者当如此讲："一只手里放2根，一只手里放5根。然后右手火柴数乘2，左手火柴数乘5……"

2. 多米诺骨牌

【题目】这个游戏玩起来有一些小窍门，然而并不是所有人都能明白。

让玩伴带着多米诺骨牌藏起来，然后由你来判断。而且为了增加可信度，你不妨用东西遮挡住你的眼睛。之后让一个人从骨牌中挑定一张，接着让他隔着墙提问，比如回答出骨牌上的编码——你不必非要见到多米诺骨牌，也无须别人告诉你答案，就可正确回答。

可是这个游戏该到底怎么玩呢？

【题解】我们在此采用神秘的密码来玩这个游戏，而且这里面的秘密仅有你和你的搭档了解，这是你们事先约定好的。其中包括：

"我"　——"1"；

"你"　——"2"；

"他"　——"3"；

"我们"——"4"；

"您"　——"5"；

"他们"——"6"。

那么，该怎么运用这些密码呢？假设有人挑好了3张骨牌，然后你的搭档问你："我们挑定了一张骨牌，他看清了编号。"

细看之下发现搭档告诉你"密码"了，因为"我们"代表"4"，"他"代表"3"，那骨牌的编号就该是4l3。

如若某人挑定的骨牌的编码为1l5，那搭档就会这样讲："我认为，您这回不一定判断得出来。"

不知其间秘密的人会一头雾水，可是对你而言立马便会解码："我"代表"1"而"您"代表"5"。

如果某人挑好的骨牌编码为4l2，那搭档也许会这么告知你："这张由我们选中的骨牌的编码也许不能被你判断出来。"

骨牌的编码一个数字为零时可以用"朋友"等诸如此类的词替代。比方说，这次某人挑中的骨牌的编码为0l4，那搭档就该这样询问："朋友，能判断出我们挑的是哪张牌吗？"

这时你立马得知，这张牌编号为0l4。

3. 另一种多米诺骨牌玩法

【题目】这次探讨的玩法并不需要耍什么花招，只不过是数字游戏而已。

先让某人挑一张多米诺骨牌藏起来，然后请他参加一些数学计算，如果你够聪明的话，就可判断出他藏起来的多米诺骨牌为哪张。我们打个比方他藏的诺骨牌为6l3。

请你的小伙伴以某个数字（如6）乘以2即6×2=12。

接着拿这个积加7即12+7=19。

用求得的和再乘以5即19×5=95。

最后让他再以运算结果和诺骨牌的另一数字相加即95+3=98。

于是他报出这一计算值。

你拿这一值与35求差，这个差值便为最后正确结果即98-35=63，也就是说被他藏起来的骨牌为6l3。

可是为什么这么计算？又为何要拿计算结果与35求差呢？

【题解】现在来分析一下：先拿骨牌第一个数字乘2，之后又乘5，如此一来得到了第一个数字乘10。然后，我们用第一个数字的二倍加7，再对求出的和5倍。也就是说，我们用第一个数字的十倍加上了35。那么，最终结果减去35得到的值便为骨牌第一数字的十倍，而末尾与其求和的数便为骨牌的第二个数字。朋友们，现在不知你们搞清楚了没有？也就是我们为啥我们能在计算结束后得到我们所期望的那个编号的多米诺骨牌。

4. 我们和数字朋友一起来玩

【题目】随便找个数字，然后加1，求得的和再乘以3，得出的数再加1，所得数再加上你原先想的那个数。结果是多少？

报出运算值后，只需用计算结果减4，再除以4——我便会知道你想的数字。举个例子，你想到的是12。

那么12+1=13；

而13×3=39；

因此就有，39+1=40；

于是40+12=52。

一旦你报出你的运算结果是52，第一步52-4=48，之后 $\frac{48}{4}=12$ ，得出了正确结论。

原因何在？

【题解】仔细观察其中过程就会看出来，判断者最终得到的结果只不过预先想好与4的积再求和而已。所以才会有与最后的结果求差后求商的值等于大家冥想的那个数这一戏剧性的结局。

5. 一起来玩三位数的游戏

【题目】请大家挑一个三位数，不要告诉我是多少。之后开始以下步骤：

第一步，用这个数的百位上的数字乘以2；第二步，把上一步所得数加5；第三步，上一步得数乘以5；第四步，将上一步的得数与三位数的十位上的数字相加，把求得的结果与10相乘；第五步，上一步得数与三位数的个位上的数字相加。只要报出运算结果我便可脱口说出你们所挑选的三位数。

比如说你挑选了数字387，于是你的运算过程便如下所示：

$$3 \times 2=6;$$
$$6+5=11;$$
$$11 \times 5=55;$$
$$55+8=63;$$
$$63 \times 10=630;$$
$$630+7=637。$$

只要你们告诉我你们运算的结果为637——我就可立马判断得出你们挑选的数字为387。

我是如何判断的呢?

【题解】现在来分析一下运算步骤。第一步是百位数字乘2,然后加上5,再乘10,这实质上是用三位数的百位数字一口气乘了$2 \times 5 \times 10=100$。而后拿三位数上的数字与10相乘,而三位数个位上的数字不变。所以只是拿最初的那个数与$5 \times 5 \times 10$求了和,也就是与250相加了而已。所以,只需从最后的结果减去250便可知我们挑好的数。

不知大家看懂了没有?我们一起来总结一下判断别人挑好的数的方法好不好?就是求最后的运算结果与250的差,而那个差就是我们预先挑好的数。

6. 正确判断的秘诀

【题目】现在来开展下一个判断数字的活动:你们挑数,我猜。

大家随便挑数字(数字和数不是一回事,数字共有10个,从0到9,而数则有无数个),之后乘以5,再乘以2,再加7。好,从计算结果里去除第一位数字。接着继续加4,减3,加9。

朋友们可要按我的要求进行,否则就进行不下去了。先告一段落,我来看看结果。

是不是17?

不是?难道大家算出的都不是这一数值?

再来一遍。好吧！

你挑个数字，乘以3，之后加上你挑的那个数字。如果完成了以上的操作，就请加上5，然后请将计算结果里的首位数去掉。丢掉了吧？好，加7，减3，加6。

大家报报结果吧？对，最终的计算值为15！

我判断得对吧？假如你的运算结果和这不同，那你肯定算错了。仔细检查一遍。不服气，想再来一个，那好吧！

第一步挑一个数字，挑好了吗？

拿2去乘你挑定的数字，用求得的结果再乘2，再乘2；用计算出的值加你挑好的数字，继续加你挑好的数字；给运算结果加上8，接着去除首位数。然后减3，而后加7。

看你算出的结果是不是12？

大家瞧，我多次判断都能得出正确的结果。大家想知道我正确判断的秘密吗？

我想大家可能还不知道，这个好玩的数字游戏是在我写作前的那段时间才发现的，也就是说，我是在你们还未挑好数字前就已经知道结果了。这意味着，我判断得出的结论其实和大家挑好的数字是不存在关系的。那么，这是为什么？

【题解】假若大家认真思考过我要求你们所从事的运算工作，你不难发现这里面的玄机。首先说说开始求的第一道题目，我让你们给挑好的数字乘以数字5紧接着又让乘以2。现在看看是不是乘了数字10。而且大家应该明白所有的数字与10相乘的结果的个位上总是0。明白了吧，我是不是又让大家加上7了？所以此时我就想到了你们求得的结果必定是两位数，虽然我不知十位上是几，但有一点我非常确定——个位上必是7。我又让你们排除掉十位上的数字，那你剩下的就是7了。本来我可以向大家报出这个数字，可是不能让你们发现秘密，于是我施展伎俩让你们把运算结果加4减3再加9，不过我引导你们计算的同时也没闲着，我在进行心算。于是我报出17这一结果，而且我还非常清楚不管你们怎么为自己挑选幸运数字，就像孙悟空逃不出如来佛的手掌心一样，你们的计算结果必将也只能是17。

再一起讨论一下例二，我使出了我的另一着——我引导你们挑好数字后与3相乘，接着再次与3相乘，还让你们将计算结果与挑好的数字求和。这是何意呢？这时的值正好等于你拿挑好的数字与10相乘（3×3+1=10）。相同理，我也心知肚明你们得到的结果的末尾数字是0。其后与例一同样：我让你们把一个数字与前结果相合，引诱你们刨去首位数字，然后让你们做一些干扰思维的运算。

我们再来说说例三。这个例子仍是万变不离其宗。我一口气请大家拿挑好的数字与各种数相乘，而后让你将得到的结果与所挑数字求和。发现了什么？这个值就是将大家挑选的数字与10（2×2×2+1+1=10）相乘的结果。剩下的运算都不太难了。

我玩判断数字游戏的秘诀告诉你们了，大家也可神气地和还不曾阅读这本书的玩伴游戏一回。或许，你会将我的方法升华，要知道它对你也许并不是难事，要相信自己有这个能力。

7. 身不由己的猜测者

【题目】判断玩伴手中所握硬币的币值可没那么容易，判断不出来是常有的事。这是我早先的看法，后来我慢慢明白，无法判断出结果比分析得出结论有时更不易。下面我就给朋友们说一件曾经发生过的事情。很久以前的某天，我无法抗拒地成了一个判断者——我渴望自己得不出最后的结论，可我怎么努力都做不到——我很懊恼自己每次都判断正确。

"你能想到我兜里的硬币是多少戈比吗？"有天我的兄长问我道。

"我怎么知道？我又不是你肚子里的蛔虫。"

"这没什么，想到什么说什么即可。"

"我恐怕会说错。因为我实在想不出来。"

"你会成功的，只要你肯动脑。好，开始吧。"

他迅速拿了枚硬币塞进火柴盒，并很快搁到了我的口袋里。

"你可捂好口袋，别到了最后说我作弊。仔细听好，你很清楚一般硬币的材质有铜和银两种。你猜猜你口袋里的是哪种？"

"可是我如何得知它到底属于那种材质的？"

"你好好想想，想到什么就说出来。"

"既然这样，我觉得应该是银币。"

"一般来说硬币的比值有如下几种：最大币值是50戈比，居中的有20戈比和15戈比，还有币值为最小的10戈比的。说说你口袋里的硬币属于下面的哪两种？"

"可是，这我怎么知道？"

"猜猜看嘛。"

"我认为它们是20戈比及10戈比的。"

"哪你知道出什么样的硬币你没说吗？"哥哥喃喃自语道，"我告诉你吧，还有币值为50戈比及15戈比的硬币你没说。你再猜猜看。"

"我猜是15戈比的硬币。"我脱口而出。

"你可以打开盒子看了，好好瞧瞧吧。"

我急切地打开了口袋里的火柴盒，它居然就是15戈比的硬币！

"我想知道这是怎么回事。"我紧紧缠着兄长不放手，"我只是瞎蒙的，怎么会说准的呢？"

"我不是讲过了吗？这里没有会不会之说。你不妨多做'判断不出'的游戏，不简单呐。"

"如果再让我做一次这样的判断，我就不会正确判断出来了！"

结果我们延续着此类活动，第二次，第三次，第四次——我连续3次正确判断出了硬币的币值。我为我一次次不明就里的正确判断很是懊恼，直到我从兄长那里得知了真相。

它的神奇之处在于……我想聪明的小伙伴早就明白是怎么回事了吧？倘若你还不明白，那就请听我说。

【题解】其实也没什么神秘的。我居然被这样的小把戏给唬住了。下面我就一一道出我判断出15戈比的过程。

在兄长让我报出是铜币和银币时，我判断是银币——当时我是瞎蒙的。不过话又说回来，就算我回答硬币的材质为铜，兄长依然会不慌不急，他反而会如此讲："那，我们还有银币没有选。"而后他会逐个道出所有面值的硬币。说白了，他都会让我在4类面值的硬币中判断，并设法阻止我说出面值是15戈比的硬币。他会平和地说："现在还有20戈比和15戈比没有选。"

在全部的判断过程里，无论我判断得正确与否，兄长都会设法让我讲出他所期望的结果。大家明白了吧？这就是我中计的缘由。

8. 记忆力超强

【题目】大家应该都观摩过魔术师的演技吧，我们常常叹服其的记忆——他们能记住一堆单词或者众多的数字。以下我们就与大家讨论一下怎么将这样的事情展示给观众。

事先备好卡片50份，并依据后面表格样式写下那些数字与字母。如此一来，张张卡片之上便都会出现一很长的数字，并将拉丁文或阿拉伯数字标于纸片的左上部。而后将其分发给观众，并对大家讲你记下了任意纸片内的任意数字。在大家报出纸片的页码，你就可脱口而出该卡片里的数字。比方说，有观众报上"E.4"，你就能答出："10 128 224。"

大家大概也看出那些数字都不短，况且有50个，由此一来你的超强表演天赋当然能令人叹为观止。

但是你知道，无须将那些数加以记忆。不管大家信不信，这都是真的，你心里清楚要掌握以上演技并不是很难。那么，怎么才能做到呢？

【题解】其中的奥秘就在于：任何一张纸片的序号即拉丁文或阿拉伯数字就会告知你纸片上所书的数字。

一个关键问题是你得在脑子里记住拉丁字符"A"=20，"B"=30，"C"=40，"D"=50，"E"=60。

由上我们不难发现，拉丁文字符和其身旁的阿拉伯数字就可构成一个数字，比如A.1表示21，C.3代表43，E.5则表示65。

人们总结出了一些有规则的东西，据此人们便能于卡片之上写出一串长长的数字。为了给朋友讲明具体的操作情况，我们就给大家以例子来介绍。

如果某个人说出E.4这个序号，我们知道它代表64。那你就用该数字展开如下的计算：

其一，求出两数的和：6+4=10；

其二，用2乘64，即64×2=128；

其三，给两数再来个减法一般以大点的数减去小点的数：6-4=2；

其四，对两数进行乘法运算：6×4=24。

大家来看将上面的运算值组成一串数字不就是10 128 224吗？

而该数则恰为E.4那张纸片上所写的数字。

由此我们总结得出规律：+2-，意为先求和，然后用2去乘，接着进行减法运算，最后再来一次乘法运算。

为了加深大家的印象我们再举几个例子：

序号为D.3的小纸片上的具体数字为几呢？

$$D.3=53；$$

$$5+3=8；$$

$$53×2=106；$$

$$5-3=2；$$

$$5×3=15。$$

最后结果是不是8 106 215？

那么大家一起来求求序号是B.8纸片上的数字为几好吗？

$$B.8=38；$$

$$3+8=11；$$

$$38×2=76；$$

$$8-3=5；$$

$$8×3=24。$$

大家说说最后的运算结果，对，是1 176 524。

若大家不想辛苦地去记忆枯燥的数字，那大家就需要学会这种方法，掌握了该方法你就可以不费力气地脱口而出或在黑板上写出那些超长的一串串如珍珠般的数字。

通常情况下人们一时半会儿很难看出你所采用的方法，因为他们还没掌握这里面的窍门。

A.	B.	C.	D.	E.
24020	36030	48040	540050	612060
A.1.	B.1.	C.1.	D.1.	E.1.
34212	46223	58234	610245	712256
A.2.	B.2.	C.2.	D.2.	E.2.
44404	56416	68428	7104310	8124412
A.3.	B.3.	C.3.	D.3.	E.3.
54616	66609	786112	8106215	9126318
A.4.	B.4.	C.4.	D.4.	E.4.
64828	768112	888016	9108120	10128224
A.5.	B.5.	C.5.	D.5.	E.5.
750310	870215	990120	10110025	11130130
A.6.	B.6.	C.6.	D.6.	E.6.
852412	972318	1092224	11112130	12132036
A.7.	B.7.	C.7.	D.7.	E.7.
954514	1074421	1194328	12114235	13134142
A.8.	B.8.	C.8.	D.8.	E.8.
1056616	1176524	1296432	13116340	14136248
A.9.	B.9.	C.9	D.9.	E.9.
1158718	1278627	1398536	14118445	15138354